AF543547

Impressum

Sven von Loga
Das Mühlsteinrevier Rhein-Eifel
Ein uraltes Bergbaugebiet auf dem Weg zum Welterbe

1. Auflage 2022

Eifelbildverlag
Ein Imprint der Kraterleuchten GmbH,
Gartenstraße 3, 54550 Daun
Verlagsleitung: Sven Nieder

Layout und Gestaltung: Björn Pollmeyer

Hergestellt in der Europäischen Union, Finidr, CZ

ISBN 978-3-98508-021-2

www.eifelbildverlag.de

Sven von Loga

Das Mühlsteinrevier Rhein-Eifel

Ein uraltes Bergbaugebiet auf dem Weg zum Welterbe

Inhalt

Preußische Uraufnahme 1843–1879 der Region des Eifeler Mühlsteinreviers. Die Karte zeigt nördlich von Niedermendig und nordöstlich von Mayen zahlreiche kleine Basaltsteinbrüche.

Einleitendes

Das Eifeler Mühlsteinrevier bewirbt sich um einen Platz im UNESCO-Welterbe. Das Welterbe umfasst Denkmäler, Ensembles und geologische Besonderheiten und Naturstätten. Im Jahre 2019 waren insgesamt 1121 Lokalitäten als Welterbestätten gelistet, verteilt auf 167 Ländern galten 869 Stätten als Weltkulturerbe und 213 als Weltnaturerbe.

Eine ganze Region hat sich zusammengeschlossen um diesen Status für ein faszinierendes Gebiet zu erlangen. Dazu gehören die Städte Andernach, Mayen und Mendig, die Verbandsgemeinden Vordereifel und Mendig sowie die Gemeinden Kottenheim und Ettringen.

Bestimmt wird die Region vom Mühlsteinabbau und seinen Handelswegen. Nur Gegenden, in denen Mühlsteinbasalt abgebaut wurde, egal ob oberirdisch oder unterirdisch, gehören dazu. Es sind dies die Orte und Regionen, die auf den passenden Lavaströmen liegen, die aus zwei Vulkanen ausflossen. Dies ist zum einen der Wingertsberg bei Mendig, der vor 100.000 Jahren einen Lavastrom über die Gegend des heutigen Niedermendig fließen ließ, der zu allerbestem Mühlsteinbasalt erkaltete.

Zum anderen entstammen der bei Ettringen gelegenen Bellerbergvulkangruppe gleich drei passende Lavaströme. Nach Norden floss der Winfeld-Lavastrom, nach Süden der Mayener Lavastrom und nach Westen der Lavastrom, in dem sich heute die Ettringer Lay befindet. Diese drei Lavaströme erkalteten ebenfalls zu einem hochwertigen Mühlsteinbasalt. Im Kottenheimer Winfeld, im Mayener Grubenfeld und in der Ettringer Lay wurden diese Lavaströme großflächig abgebaut.

Die vielen Fakten in diesem Buch habe ich natürlich nicht selbst erforscht, sondern anhand guter Literatur kennengelernt und im Gelände gesucht und gefunden. Sehr ergiebig ist die umfangreiche Arbeit von *Fritz Mangartz* »Römischer Basaltlava-Abbau zwischen Eifel und Rhein«.

Viele Leute habe ich getroffen, die mir ausführlich über die Region und ihre Geschichte erzählt haben. *Heinz Lempertz* aus Mendig, dem zu verdanken ist, dass es den Lavadome und den Lavakeller gibt, hat mir zahllose Details berichtet und mich vor allem in seinem privaten Biermuseum mit der Brauereigeschichte in Mendig vertraut gemacht. *Malte Tack* von der Vulkanbrauerei hat mich stundenlang im Lavakeller der Brauerei fotografieren lassen. In der alten Schaaf-Brauerei ist jetzt das Polsterunternehmen Hanstein ansässig, hier durfte ich in Begleitung von *Sven Wilmes* das historische Brauerei-Gebäude dokumentieren. Faszinierend sind die noch erhalten Brauereianlagen 30 Meter unter der Erde.

Michael Rogall vom Landesamt für Geologie und Bergbau (LGB) in Mainz hat mich kundig gemacht über die Erkundung und Sicherung der Lavakeller unter Mendig. *Alexander Rüber* aus dem Mendiger Hansahotel hat mir erst bewußt gemacht, dass das heutige Hotel Teil einer einstigen Brauerei ist. *Andreas Kiefer* und *Jörn Kling* verdanke ich umfangreiche Informationen über den Basaltabbau in den Lavaströmen des Bellerberges, die dortigen Fledermausquartiere und die Möglichkeit, die Fledermäuse in den Mayener Bierkellern zu besuchen und zu fotografieren. *Hans Schüller* vom Geschichts- und Altertumsverein Mayen (GAV) hat mir viele historische Fotos zur Verfügung gestellt, die ich sonst wohl nie gefunden hätte. Mit *Prof. Joachim Ritter* war ich unterwegs, um den Vulkanismus unter der Eifel zu verstehen und um den erneuten Lavaaufstieg unter dem Laacher See zu erforschen. *Prof. Lothar Viereck* hat mich zur aktuellen Lage des Vulkanismus in der Osteifel und auf La Palma informiert

Dr. Kai Seebert vom Andernacher Stadtmuseum hat mir vor allem den Kran und seine faszinierende innere Mechanik gezeigt und mir viele Informationen zur Verladung und zum Handel gegeben.

Weitere Informationen und Fotos bekam ich von *Roger Lang* vom LGB in Mainz und von *Jörg Busch* vom Vulkanpark, *Frank Neideck*, Leiter der Geschäftsstelle Mühlsteinrevier Rhein-Eifel hat mich stets mit aktuellen Informationen zum Projekt versorgt.

Nach meinen Postings in den entsprechenden Facebook-Gruppen meldeten sich etliche heutige und ehemalige Bürger aus Kottenheim und Ettringen und berichteten von Erinnerungen an die Zeit des Basaltabbaus, von Vätern und Großvätern, die dort gearbeitet hatten. Allmählich wurde die Geschichte lebendig.

Aktuelle Informationen zum Besuch des Mühlsteinreviers finden sich auf der Website **https://www.muehlsteinrevier.de/**

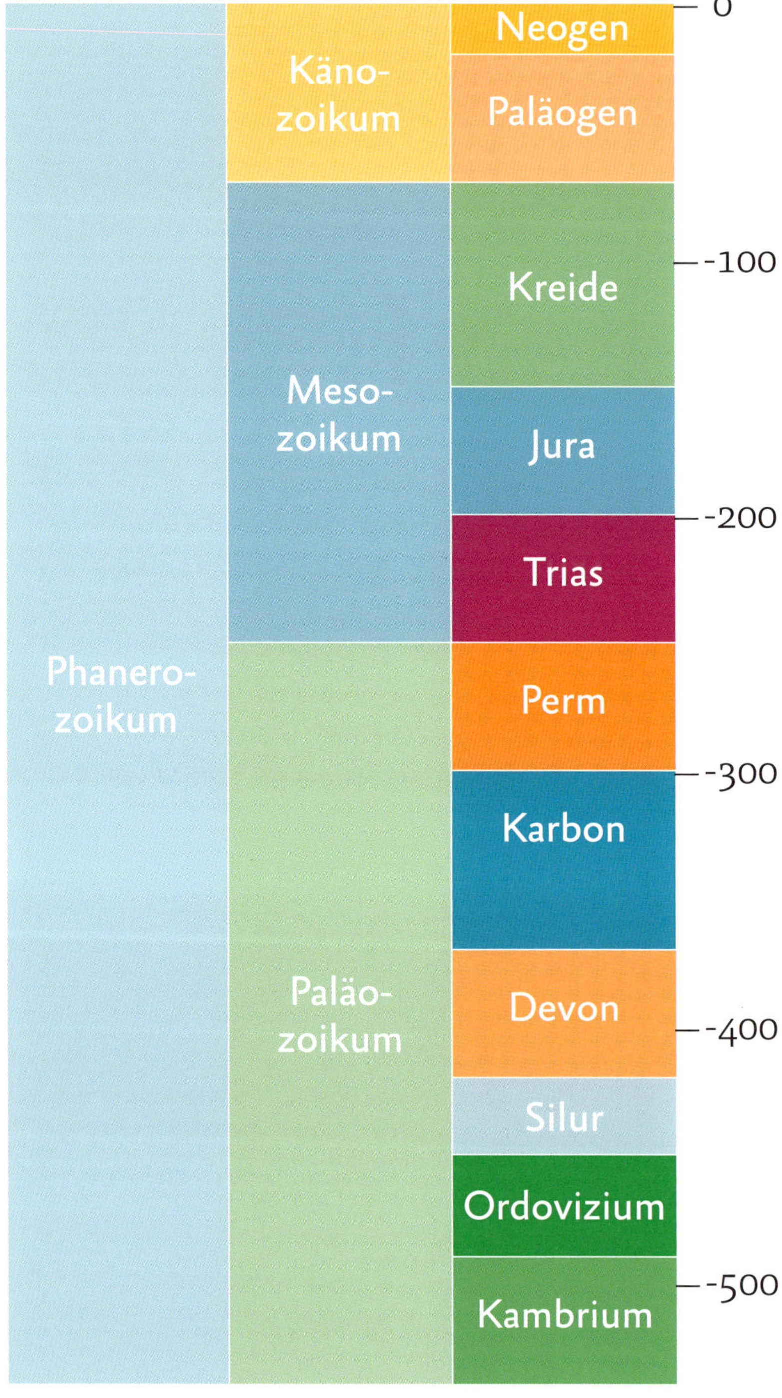

Tabelle der Erdzeitalter (in Mio. Jahren)

Geologische Entstehung der Eifel im Devon

Der Vulkanismus ist das bisherige geologische Ende der Erdgeschichte in der Eifel, danach passierte nichts Schwerwiegendes mehr, abgesehen von der morphologischen Entwicklung wie Erosion und solchen Dingen. Aber es wird weiter gehen, auch wenn wir es vielleicht nicht mehr erleben werden. Der letzte Vulkanausbruch in der Eifel, der das Ulmener Maar entstehen ließ, ist 11.000 Jahre her, der nächste Vulkanausbruch wird sicherlich kommen, kann aber noch ein bisschen auf sich warten lassen.

Die geologische Geschichte der Eifel begann jedoch schon hunderte von Millionen Jahren zuvor. Zu Beginn des Erdzeitalters Devon erhob sich weit im Norden des heutigen Deutschlands das Kaledonische Gebirge, südlich davon, in der Region, die heute die Gesteine Deutschlands bildet, lag das Meer Paläothethys. Im Laufe vieler Millionen Jahre verwitterte das Kaledonische Gebirge und sein Verwitterungsschutt – Sande und Tone – wurden ins Meeresbecken der Thethys verfrachtet. Hier bildeten sich im Erdzeitalter Unterdevon bis zu 10.000 Meter mächtige Sedimente. Weit südlich der Paläothethys zerbrach der Urkontinent Gondwana und ein Teil, das heutige Afrika, driftete nach Norden. Die Sedimente, die sich im Devon im Meeresbecken der Paläothethys abgelagert hatten, wurde vor 350 Millionen Jahren im Unterkarbon vom nach Norden drängenden Afrika zu einem neuen Gebirge verfaltet. Dort wo heute das Rheinische Schiefergebirge liegt, bildete sich zu jener Zeit ein neues Hochgebirge, das Variszische Gebirge. Aber auch dieses Gebirge fiel der Verwitterung anheim und im Oberkarbon vor etwa 300 Millionen Jahren war es wieder aberodiert. Sein Rumpf existiert bis heute: das Rheinische Schiefergebirge (Eifel, Hunsrück, Taunus, Westerwald, Bergisches Land, Oberbergisches Land, Sauerland). Die devonischen Sandsteine und Schiefer bilden bis heute den Rumpf der Eifel, die erdgeschichtlich jungen Vulkane sitzen obenauf. Devonische Sandsteine und Schiefer lassen sich an vielen Stellen in der Eifel beobachten. Im Mühlsteinrevier sind sie besonders schön bei Burg Wernerseck ausgebildet.
(→ Exkursion 1, S. 190)

Devonische Sandsteine und Schiefer bilden die Eifel, hier im Nettetal bei Burgruine Wernerseck

Der Eifelplume

Von irgendwo her müssen die Vulkane im Quartär gespeist werden

Es muss doch einen Grund geben, warum in der Eifel Vulkane ausbrechen und Lavaströme ausfließen. Joachim Ritter, Professor für Geophysik an der Universität in Karlsruhe, hat ihn vor einigen Jahren gefunden.

Im Hocheifel-Vulkanfeld um Kelberg war vor etwa 40 Millionen Jahren schon einmal der Vulkanismus aktiv (Reste von Vulkanen sind bspw. die Nürburg und der Arensberg bei Kerpen). Was die Ursache für diesen Vulkanismus war, ist bis heute ungeklärt.

Etwas später in der Erdgeschichte, vor etwa einer Million Jahren, begann in der Eifel ein neuer vulkanischer Zyklus.

Seither sind im Westeifeler Vulkanfeld zwischen Duppach und Bad Bertrich im Süden und im Osteifeler Vulkanfeld rund um den Laacher See hunderte von Vulkanen ausgebrochen. Sie finden ihre Quelle im sogenannten Eifelplume, einer Struktur im oberen Erdmantel, in der heißes Mantelmaterial und Magma langsam nach oben steigen. In einem Tiefenbereich von etwa 50–400 km, d. h. hinunter bis an die Grenze von unterem zu oberem Erdmantel sind die Druck- und Temperaturbedingungen derart, dass das nicht feste und nicht flüssige, sondern plastische Erdmantelgestein zu einem kleinen Teil aufschmilzt. Ab ca. 200 km Tiefe sind unter der Eifel mindestens 2 % des Erdmantelgesteins flüssig und diese Schmelzen steigen teilweise nach oben in Richtung Erdkruste, da heißes flüssiges Gestein eine geringere Dichte aufweist als festes Gestein. Unter der Erdoberfläche liegt nun nicht etwa eine gewaltige Magmakammer, sondern eine Zone, deren Volumen mindestens 2 % flüssiges Magma enthält. Diese Zone beginnt in etwa 400 km Tiefe, reicht bis etwa 45–50 km unter die Erdoberfläche und hat einen Durchmesser von etwa 100 km. Joachim Ritter hatte auf einer Wanderung die Idee, dass unten doch etwas Ungewöhnliches sein müsse und konnte ein gewaltiges Projekt ins Leben rufen. Die Eifel wurde mit etwa 250 Seismografen bestückt und immer wenn irgendwo auf der Erde ein Erdbeben stattfand, durchliefen die Erdbebenwellen den Eifelplume und die Seismografen an der Erdoberfläche zeichneten den Verlauf der Erdbebenwellen auf. Wie mit einem Ultraschallgerät wurden die Erdkruste und der obere Erdmantel durchleuchtet und die Computer spuckten letztendlich dieses Bild des Eifelplumes aus.

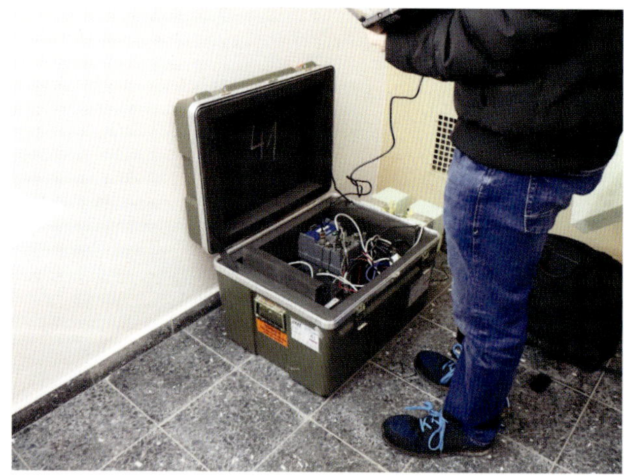

Seismographen an versteckten Orten in Mendig

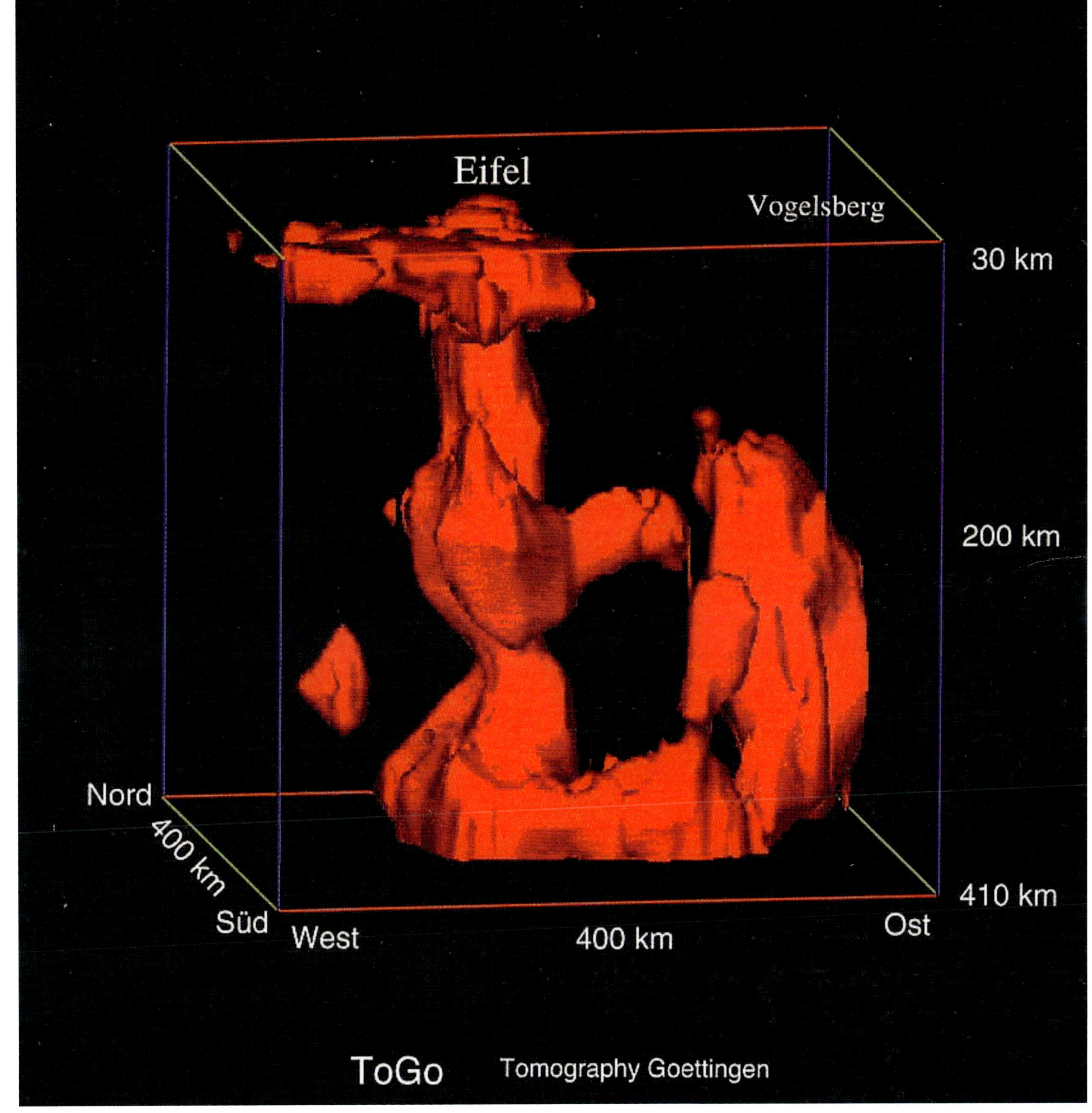
Eifel
Vogelsberg
30 km
200 km
Nord
400 km
Süd
West
400 km
Ost
410 km
ToGo
Tomography Goettingen

Eifelplume

Exkurs

Der Vulkan von La Palma

Am 19.September 2021 um 15.10 Uhr brach erneut ein Vulkan auf der Kanareninsel La Palma auf dem Bergrücken Cumbre Vieja aus, der komplett aus Vulkanen gebildet wird. Der letzte Ausbruch erfolgte 1974 an der Südspitze La Palmas und bildete den Teneguia-Vulkan. Der letzte Ausbruch bei San Juan im Bereich des neuen Vulkans von 2021 war 1949.

Für den Eifelvulkanismus und das Mühlsteinrevier ist dieser Vulkan geradezu ein lehrbuchhaftes Beispiel. Der Typ des Vulkanismus, ein Intraplattenvulkanismus mit keinerlei Plattengrenzen und Subduktionszonen, trifft auf beide Vulkangebiete zu, beide Vulkangebiete liegen über einem vulkanischen Hotspot. Mitten in einer Erdplatte steigt Magma nach oben und dringt zur Erdoberfläche durch, dort brechen Vulkane aus. Auf La Palma ließ sich wunderbar beobachten, wie ein Schlackenkegel entsteht, die Landschaft hat sich verändert, ein mehrere hundert Meter hoher Vulkankegel ist dort gewachsen, wo früher ein geneigter Abhang von offenem Kiefernwald und Bananenplantagen war. Die gleiche Größe haben auch die Vulkane in der Eifel. Es ließ sich beobachten, wie der Vulkan feine Asche ausspie, die sich als Staub über der Insel verteilte und wie größere Lavatröpfchen weniger weit flogen und als kleine Körnchen, sogenannte Lapilli rund um den Vulkan abgelagert wurden. Genau solche Lapilli finden wir an der Südflanke des Hochsteins in der Osteifel. Insbesondere in der Nacht waren größere Lavafetzen zu sehen, die aus dem Krater geschleudert wurden, auf den Vulkanflanken landeten und teils hinab rollten. Im Bereich des Schlackenkegels, d. h. im Nahbereich des Vulkanschlotes verschweißten glühende Lavafetzen miteinander und bilden nun Schweißschlacken, wie wir sie in unseren Eifelvulkanen auch finden: aus solchen Schweißschlacken sind der Ettringer Bellerberg und der Kottenheimer Büden aufgebaut. Auch der Kraterwall des Hochsteins besteht aus Schweißschlacken, in ihnen liegen die Hochsteinhöhle und die Steinbrüche des »Schafstalls«.

Am Cumbre Vieja war sehr schön zu sehen, wie aus einem zentralen Vulkanschlot ständig Gas ausströmte und Lavafetzen mitriss, während am Fuß des Kegels aus mehreren Schloten relativ gasarme Lavaströme ausflossen. So könnte der Vulkan Hochstein vor etwa 400.000 Jahren ebenfalls ausgesehen haben.

Cumbre-Vieja-Ausbruch auf La Palma 2021

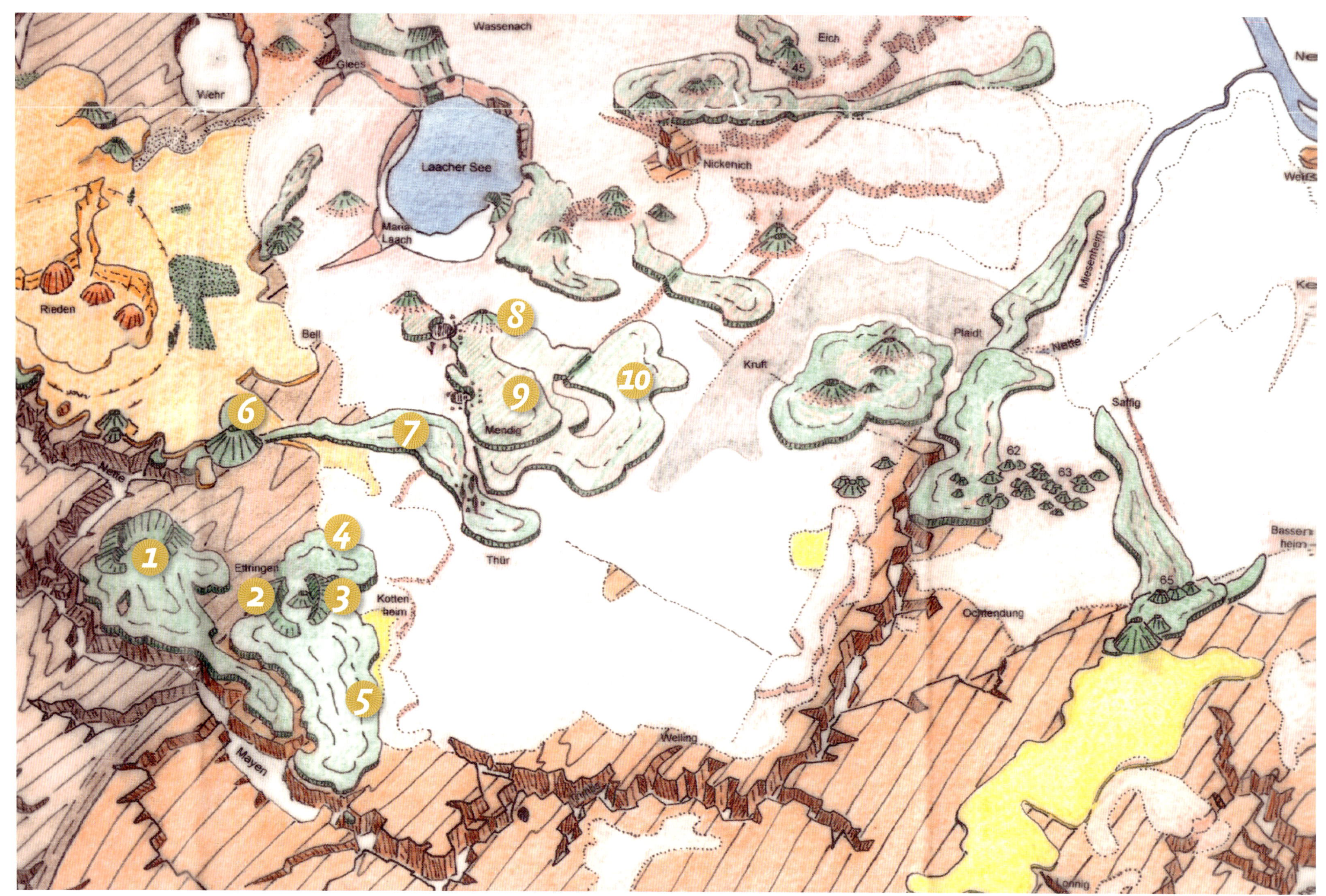
Wassenach
Eich
45
Glees
Wehr
Laacher See
Nickenich
Maria Laach
Rieden
Bell
8
Kruft
Plaidt
Miesenheim
Nette
10
9
6
Mendig
7
Saffig
62
63
4
1
Ettringen
2
3
Kottenheim
Thür
Ochtendung
65
5
Welling
Mayen
Trimbs
Lonnig

Die Vulkane des Mühlsteinreviers

Wingertsberg bei Mendig, Hochsimmer und Hochstein bei Ettringen und die Bellerberg-Vulkangruppe bei Mayen

Ausschnitt aus der Karte des Vulkangebietes der Osteifel von Wilhelm Meyer, sie zeigt die für das Mühlsteinrevier wichtigen Vulkane und ihre Lavaströme.

1 Hochsimmer mit Lavastrom
2 Ettringer Bellerberg
3 Kottenheimer Büden
4 Kottenheimer Winfeld
5 Mayener Lavastrom mit Mayener Grubenfeld
6 Hochstein (Forstberg)
7 Thürer Lavastrom
8 Wingertsberg
9 Oberer Mendiger Lavastrom
10 Unterer Mendiger Lavastrom

Zwei Vulkane sind dafür verantwortlich, dass im Eifeler Mühlsteinrevier der richtige Basalt vorhanden ist und in großem Umfang abgebaut werden konnte. Es sind der Wingertsberg-Vulkan nördlich von Mendig und der Bellerberg-Vulkan bei Mayen. Rund um Mayen bestimmen auch noch der Hochsimmer und der Hochstein (Forstberg) das Landschaftsbild, beide ließen Lavaströme ausfließen, die für unsere Geschichte gewissermaßen den Rahmen bilden. Am Osthang des Hochsteins wurden im Mittelalter zwar Mühlsteine abgebaut, aber sonst lieferten diese beiden Vulkane dichten, blasenarmen Basalt, sogenannten Hartbasalt, der wegen seiner Festigkeit als Werkstein keine Verwendung finden konnte.

Heute wird Basalt nur noch im Oberen und Unteren Niedermendiger Lavastrom und im Mayener Lavastrom abgebaut. In der Steinindustrie werden sie als Rheinische Basaltlaven zusammen gefasst, gelegentlich hört man auch die Begriffe »Mühlsteinlava«, »Mayener Mühlsteinlava« oder »Weichbasalt«. Der Winfeld-Lavastrom bei Kottenheim und der Ettringer Lavastrom werden nicht mehr abgebaut. In diesen Lavaströmen finden sich heute mystisch anmutende Basaltschluchten, wie sie sich in der Fantasie kaum schöner ausmalen lassen. Wie durch eine Welt vor unserer Zeit führen Wanderwege und versteckte Pfade, besonders reizvoll ist diese Landschaft im Nebel, wenn hinter einer Kurve alte Bergbaukräne auftauchen.

Mühlsteinbasalt? Was ist das?

Wieso lieferten diese beiden Vulkane hochwertigen Mühlsteinbasalt, andere Vulkane, aus denen ebenfalls Basaltlavaströme ausflossen, aber nicht? Warum sind die Basalte von Obermendig, aus der Ahl bei Sankt Johann, aus dem Lavastrom des Bausenberges bei Niederzissen und anderer Vulkane als Hartbasalt nur für Pflastersteine und Straßenschotter, aber nicht für Reib- und Mühlsteine zu verwenden?

Entscheidend dafür, für was man das Gestein eines basaltischen Lavastroms nutzen kann, ist neben der mineralogischen und chemischen Zusammensetzung die Temperatur und der Gasgehalt (H_2O und CO_2) der ausfließenden Lava. Je heißer die Lava ist, desto dünnflüssiger ist sie und desto besser können die enthaltenen Gase entweichen. In einer zähen Lava verbleiben unzählige Gasbläschen und bilden im entstehenden Basalt kleine Poren. Sind die Gasbläschen entwichen, so ist der Basalt dicht und hart, ein sogenannter Hartbasalt. Werden aus diesen Basalten nun Mühlsteine hergestellt, zwischen denen dann Getreide vermahlen wird, dann entsteht im porenlosen Hartbasalt lediglich eine schmierige Substanz. Im porenreichen Mühlsteinbasalt aber stellt jede Kante einer Pore eine Schneide dar, die das Getreidekorn aufschneidet, so dass es zu Mehl werden kann. Da das gesamte Gestein von Poren durchsetzt ist, bilden sich beim Abreiben des Gesteins immer wieder neue scharfe Kanten. Allerdings ist Basalt extrem abriebfest und deshalb ganz besonders für einen Mühlstein geeignet. Ganz anders ein Sandstein, der nicht aus Kristallen besteht, die miteinander verwachsen sind, sondern aus Sandkörnern, die aneinanderstoßen – dennoch wurden auch Sandsteine wurden gelegentlich zu Mühlsteinen verarbeitet. Reiben jedoch zwei Sandsteine aufeinander, sind Mehl und Brot voll Sandkörner, bald sind dann auch die Zähne herunter gerieben.

Aus dem Mendiger Wingertsberg flossen drei Lavaströme aus, ein kurzer nach Norden, der so mächtig von Bims und Asche bedeckt ist, dass er für die Mühlsteingewinnung ohne Bedeutung war. Zwei lange Lavaströme flossen nach Süden aus und bedeckten das Gebiet der heutigen Stadt Niedermendig. Der ältere untere ist ein blasenarmer, ganz unregelmäßig geklüfteter Hartbasalt, der jüngere obere ein blasenreicher, zu Säulen abgekühlter Mühlsteinbasalt. Unterschiede in der mineralogischen Zusammensetzung sind auch mitverantwortlich, dass die Lava des oberen, jüngeren Lavastroms kälter aus dem Krater quoll und zäher war.

Wer die Lavaströme des Wingertsbergs im großen Steinbruch »Auf Stürmerich« in Niedermendig anschaut, stellt fest, dass dem unteren Lavastrom eine systematische Säulung fehlt, d. h., er hat keine Basaltsäulen ausgebildet. Um diesen Basalt zu zerkleinern, muss er zerschlagen oder gesprengt werden. Für den Abbau und die Nutzung von Basalt als Mühlstein sind jedoch gleichmäßige Basaltsäulen mit großem Durchmesser notwendig ... dazu jedoch später.

Wingertsberg

Einst war der Vulkan Wingertsberg ein 322 m hoher, aber doch flacher Schlackenkegel, der zum großen Teil auch noch unter der mächtigen Bimsdecke des Laacher See Vulkans verborgen war. Zu sehen ist davon heute nur noch das tiefe Loch eines Steinbruchs, der Berg ist komplett dem Abbau zum Opfer gefallen, die beiden Lavaströme sind in die Tiefe bis an die Basis des unteren Lavastroms abgebaut, ein farbenfroher Steinbruch ist entstanden, der aber wunderbare Einblicke in den Aufbau eines Vulkans liefert.

So sehen wir außerhalb des Vulkanschlotes unter den Basalten, die ehemals gelbbeigen Tuffe des Riedener Vulkans, die nun durch die Hitze knallrot gefärbt wurden, sie wurden praktisch geröstet, in der Fachsprache sagt man gefrittet. Durch die glühende Lava wurde das Eisen im Boden unter dem Lavastrom oxidiert und rot gefärbt. An anderer Stelle erkennen wir einen Fördergang für den oberen Niedermendiger Lavastrom, wir sehen, wie sich die Lava durch den Basalt des unteren Lavastroms hindurchdrängt und über wiederum einer roten, ebenfalls gefritteten Schicht im oberen Lavastrom aufgeht.

Steinbruch Wingertsberg

Förderschlot durchschlägt den unteren Mendiger Lavastrom, aufgeschlossen im Steinbruch Wingertsberg

Bei dieser Schicht, die den unteren von dem oberen Lavastrom trennt, handelt es sich um ein eiszeitliches Sediment, eine Staubschicht, die von den Stürmen während einer Eiszeit aus den Endmoränen der Gletscher ausgeweht und einige 100 km vom Rand des Eises entfernt abgelagert wurde. Der Fachbegriff dafür ist Löss. Eine ebensolche Lössschicht einer jüngeren Eiszeit liegt auch auf dem oberen Lavastrom.

Interessant ist die Frage nach dem Alter der beiden Niedermendiger Lavaströme. Wilhelm Meyer gibt in seinem Standardwerk »Geologie der Eifel« für den unteren Lavastrom ein Alter von 300.000 Jahren, für den oberen ein Alter von 150.000 Jahren an. Der Vulkanologe Lothar Viereck erkennt ein jüngeres Alter für beiden Lavaströme. Da die beiden Mendiger Lavaströne den Basalten der Basanit-Differentiationsserie angehören, die in der Osteifel erst vor 220.000 Jahren auftaucht, sei ein älteres Alter sehr unwahrscheinlich. Auf dem oberen Lavastrom und den Schlacken liegt der Löss, der dic Laacher See Tephra unterlagert. Er hat nur an der Oberfläche, d. h. nach der Ablagerung eine Bodenbildung erlebt, d. h. er hat nur eine Warmzeit erlebt, muss also jünger als 100.000 Jahre sein. Der darunter liegende Lavastrom ist nicht verwittert bevor der Löss darauf kam, d. h. er sollte während der letzten Kaltzeit eruptiert sein. Für ihn wurde aber von Axel Schmitt im Wingertsberg ein Alter von 170.000 Jahren ermittelt. Das stellt einen Konflikt dar. Viereck schlägt folgende Lösung vor: 170.000 Jahre wurden gemessen, da aber auf den unteren Schlacken und dem Lavastrom ebenfalls ein Löss liegt, macht es Sinn, wenn dies Alter dem Unteren Niedermendiger Lavastrom (Tephrit) zugeordnet wird. Da auf dem Oberen Lavastrom ein Löss der letzten Kaltzeit liegt und das Gestein vor der Überdeckung nicht verwitterte, muss der Obere Lavastrom (Phonotephrit) jünger als 100.000 Jahre sein.

Uns fasziniert vor allem der obere Lavastrom, denn in ihm liegen die gigantischen Mendiger Lavakeller, das größte unterirdische Basaltbergwerk der Erde. Im Tagebau »Auf Stürmerich« südlich von Mendig werden von der Firma *Mendiger Basalt* beide Lavaströme abgebaut und sind im Profil gut sichtbar.

Hochsimmer

Der Hochsimmer westlich von Ettringen und nördlich von Sankt Johann produzierte ebenfalls einen Lavastrom, in dem jetzt die Steinbrüche der *Ahl* liegen. Das Alter dieses Lavastroms lässt sich gut datieren, da die mit ihm auftretenden Schlacken im Steinbruch Thürer Wald zwischen den jüngsten Ablagerungen des Riedener Vulkans auftreten, für die ein Alter von etwa 390.000 Jahren mittels der sehr genauen $^{40}Ar/^{39}Ar$-Datierung bestimmt wurde (Bogaard & Schmincke 1987)

Die Basaltlava des Hochsimmers enthält nur sehr unregelmäßig Hohlräume, die aus Gasblasen entstanden sind, diese Lava lässt sich nicht als Werkstein verwenden. Der Lavastrom des Hochsimmer wurde in den großen Steinbrüchen der Ahl als Schotter für Straßenuntergrund und Eisenbahntrassen sowie als Senkstein abgebaut. Senksteine sind riesige Basaltklötze, die für Uferbefestigungen, Deichbau und Küstenschutz eingesetzt werden.

Bedeutsam für das Mühlsteinrevier ist der Lavastrom des Hochsimmer trotzdem, da er älter ist als die Lavaströme des Ettringer Bellerberges. Denn als der Bellerberg-Vulkan vor weniger als 220.000 Jahren ausbrach, war die Lava des Hochsimmers bereits zu einer festen Basaltwand erkaltet. Das heißt, der Ettringer Lavastrom wurde vom Hochsimmer-Lavastrom gestoppt, der Mayener Lavastrom wurde nach Süden umgelenkt. An ihm vorbei musste nun die Nette fließen, die zuvor von Mayen über Kottenheim und Fraukirch in die Pellenz floss, sie wurde aufgestaut, ein großer See bildete sich. Der Fluss musste sich ein neues Bett schaffen.

Bellerberg-Vulkangruppe

Ettringer Bellerberg, Mayener Bellerberg und Kottenheimer Büden sind Reste eines Schlackenkegelkomplexes, der aus Vulkanausbrüchen vor etwa 200.000 Jahren resultiert. Bellerberge und Büden sind Ost- und Westflanke eines Schlackenkegels. Dazwischen, dort, wo heute Äcker liegen und in großem Umfang Basalt abgebaut wird, trat aus mehreren Öffnungen in der Erde glühende Lava aus. Teilweise wurden riesige Lavafetzen herausgeschleudert, flogen in östliche und in westliche Richtung, klatschten noch glühend aufeinander und verschweißten miteinander. Schweißschlacken (Agglutinate) nennen die Vulkanologen so etwas. Im Vergleich zu anderen Vulkanschlacken, die als kleinere Stückchen schon überwiegend abgekühlt auf der Erde landen oder gar als kleine, bereits im Flug erstarrte Lavatropfen (Lapilli) niederregnen und die nicht miteinander verbacken, sind die aus Schweißschlacken aufgebauten Felswände sehr verwitterungsresistent und bilden deutliche und meist steile Erhebungen in der Landschaft.

Ein anderes Beispiel für eine steile Wand aus Schweißschlacken ist die Teufelskanzel am Krufter Ofen. Sehr schöne Lapilli finden wir dagegen etwas nördlich von Ettringen an der Straße nach Bell in der Lavagrube am südlichen Fuße des Hochsteins.

Das Magma, aus dem die Lava der Bellerberge entstand, sammelte sich wohl in einer Magmakammer in 10-20 km Tiefe. Vulkanologen erkennen das an Einschlüssen, die in der Basaltlava enthalten sind. Das Magma hat auf seinem Weg nach oben vom Rande des Aufstiegskanals Gesteinsbrocken gelöst und mit nach oben gerissen. Wer die Basalte in der Ettringer Lay und im Kottenheimer Winfeld genauer untersucht, findet darin rote Tone, Kalksteine, Sandsteine, Grauwacken und Gneise. Gneise bilden das kristalline Grundgebirge in 10-20 km Tiefe, wir können deshalb davon ausgehen, dass in dieser Tiefe die Magmakammer lag.

Aus den Bellerberg-Vulkanen – das sind Kottenheimer Büden, Ettringer Bellerberg und Mayener Bellerberg flossen drei Lavaströme aus:

Nach Norden floss mit etwa 1,2 Kilometer Länge der Winfeld-Lavastrom, in dem heute das Steinbruchgebiet des *Kottenheimer Winfeldes* liegt, er wurde maximal 45 Meter mächtig, eine gewaltige Dicke für einen Lavastrom.

Nach Westen floss der nur 0, 5 Kilometer lange Lavastrom, in dem heute die Steinbruchgebiete der *Ettringer Lay* liegen, er ist maximal 40 Meter mächtig.

Der Lavastrom nach Süden, in dem das Abbaugebiet des *Mayener Grubenfeldes* liegt, wurde 15-20 Meter mächtig, 3,5 Kilometer lang, bis zu 1,4 Kilometer breit und bedeckt eine Fläche von etwa 300 Hektar. Hier wurde Basalt teils übertage, teils untertage abgebaut. Die untertägigen Basaltsteinbrüche wurden durch den Abbau der letzten Jahre größtenteils zerstört, erhalten sind noch die Reste des Mayener Bierkellers, der heute Naturschutzgebiet ist, vom NABU betreut wird und eines der wichtigsten Überwinterungsquartiere für Fledermäuse in Europa darstellt.

Die vulkanischen Eruptionen der Bellerberg-Vulkangruppe förderten zunächst Lavafetzen, die als östliche Flanke zu kräftigen Agglutinaten verschweißten, es entstand der Büden. Anschließend flossen der Mayener Lavastrom und wahrscheinlich auch der Winfeld-Lavastrom aus. Die Eruptionszentren – Spalten in der Erde, aus denen Lava in die Höhe schoss, es waren wohl über 10 an der Zahl, verlagerten sich von Osten nach Westen. Der Ettringer Bellerberg entstand. Stehen wir oben auf dem Bellerberg und schauen auf die

Ettringer Bellerberg

drei Lavaströme herab, fragen wir uns, wo denn der Ettringer Lavastrom durchgeflossen sein könnte? Er floss aus, bevor die Westflanke der Vulkangruppe eine nennenswerte Höhe erreicht hatte. Bis zu 40 Meter mächtig ist der Ettringer Lavastrom, solch eine Dicke hätte er nicht erreicht, wenn er einfach über die Landschaft geflossen wäre. Er ist demzufolge in ein recht tief eingeschnittenes Tal geflossen und hat es ausgefüllt. Nach kurzem Weg stieß dieser Lavastrom auf den dort bereits liegenden älteren Lavastrom, der vor etwa 400.000 Jahren aus dem Hochsimmer ausgeflossen ist und wurde durch diese Barriere nach Südosten umgelenkt. Dort verschmolz er mit dem Mayener Lavastrom.

Bellerberg-Gipfel mit Bank

Einschlüsse im Basalt (v. l. n. r.: Tonstein, Grauwacke, Gneis) des Ettringer Lavastroms

Schweißschlacken bilden den Kottenheimer Büden

Basaltsteinbruch am Kottenheimer Büden

Hochstein (Forstberg)

Aus dem Hochstein nördlich von Ettringen flossen vor etwa 425.000 Jahren ebenfalls zwei Lavaströme aus. Ein kurzer, aber mächtiger Lavastrom floss nach Nordosten, hier baute einst die Firma F.X.Michels Basalt ab. Ein über 2,5 km langer Lavastrom floss nach Osten und füllte ein schmales Tal aus, das damals dort bestand. Später verbreiterte er sich und verläuft unter dem heutigen Obermendig bis zum heutigen Thür, dort zwingt er die Eisenbahnlinie, einen weiten Bogen zu machen. Ein dritter kleiner Lavastrom floss im Gebiet des heutigen *Ettringer Heuweges* nach Westen. Das geschah vor etwa 350.000 +/- 50.000 Jahren (Fuhrmann & Lippolt 1986).

Für die Landschaft interessant ist der zweite Lavastrom, der bis nach Thür floss und dort nun fest und unverrückbar in der Landschaft liegt.

In der Ostflanke des Kraterwalls des Hochsteins, der überwiegend aus harten Schweißschlacken besteht, wurden im Bereich des sogenannten Schafstalls im Mittelalter in geringem Umfang Mühlsteine abgebaut. (Mehr dazu im Exkurs »Hochstein«, S. 35)

Die historische Entwicklung der Basaltabbaugebiete an Bellerberg und Wingertsberg wurde entscheidend durch den Ausbruch des Laacher See Vulkans vor etwa 13.077 Jahren beeinflusst (Reinig et al. 2021). Dessen gewaltige Eruption förderte nämlich viele Kubikkilometer Bims und Asche, die die Lavaströme des Wingertsbergs bis zu 20 Meter dick bedeckten. Damit war er weder zu sehen noch für die Menschen erreichbar, die Menschen der Steinzeit und die Römer wussten von diesem Lavastrom nichts. In Mendig wurde daher in vorgeschichtlicher Zeit noch kein Basalt abgebaut, auch Römer und Franken waren dort noch nicht aktiv. Im Ettringer und im Kottenheimer Lavastrom ist der Abbau von Basaltlava für Reibsteine dagegen bereits für das Neolithikum belegt. Die Basaltlava des oberen Niedermendiger Lavastroms wurde erstmals gegen Ende des 11. Jahrhunderts abgebaut, hier taucht dieses Gestein im Gründungsbau der Klosterkirche von Maria Laach auf, der zwischen 1093 und 1100 entstanden ist.

In Obermendig stehen die Häuser direkt auf dem Lavastrom des Hochsteins

Das Hochkreuz auf dem Thürer Berg steht direkt auf dem Lavastrom des Hochstein-Vulkans, deutlich ist darunter säulig ausgebildeter Basalt zu sehen.

Der Lavastrom von Thür

Auch wenn die Vulkanausbrüche der Eifel vor langer Zeit stattfanden, so werden doch auch hier und heute Infrastrukturprojekte und Verkehrswegebau durch einstige vulkanische Aktivitäten beeinflusst. Südlich der Stadt Mendig am Laacher See in der Osteifel liegt das Örtchen Thür. Außergewöhnlich ist in Thür der Streckenverlauf der Eisenbahnlinie von Andernach nach Gerolstein, vor Thür nämlich biegen die Gleise nach Süden ab und machen einen großen Bogen um den Thürer Berg, um dahinter wieder Richtung Norden umzubiegen und in Richtung Kottenheim weiterzuführen. Der Thürer Berg ist das Ende eines Lavastroms, der hier zum Stillstand kam. So ein Berg kann nicht einfach weggeschaufelt werden, zumal es sich um das äußerst widerstandsfähige Gestein Basalt handelt, also mussten die Eisenbahnbauer die Bahnlinie in weitem Boden um den Thürer Berg herum führen. Die ursprüngliche Ortschaft Thür liegt am Fuße des Lavastroms, erst in jüngerer Zeit wurden Neubaugebiete am Hang des Berges erschlossen.

Es ist der Lavastrom des Hochstein-Vulkans, der sich vor etwa 425.000 Jahren in das alte Tal der Nette unter dem heutigen Obermendig bis hin nach Thür ergoss und heute durch Erosion der weicheren umgebenden Gesteine den Höhenrücken zwischen Obermendig und Thür bildet.

Die Geschichte des Mühlstein-abbaus

Übersicht der Urgeschichte

Jungsteinzeit

(in Mitteleuropa vor etwa 5000 Jahren)

Wahrscheinlich begann der Abbau des Basaltes für die Mühlsteinherstellung vor etwa 7000 Jahren Hier beginnt die eigentliche Geschichte des Eifeler Mühlsteinreviers.

Wir kennen es aus Filmen und Büchern: einst zogen die Menschen in Gruppen durch die Landschaft, sie lebten in Höhlen und gingen auf die Jagd. Hirsche, Rentiere und Mammute standen auf dem Speiseplan, am Wegesrand sammelten die Menschen Beeren und Früchte. Für Ackerbau war keine Zeit. Es waren Jäger- und Sammler, die als Nomaden lebten. Aber irgendwann änderte sich ihr Leben, die Jäger und Sammler wurden zu Hirten und Bauern. Mit diesem Wechsel begann in Mitteleuropa vor etwa 5000 Jahren das Neolithikum, die Jungsteinzeit. Als Kriterium hierfür gilt der Nachweis domestizierter Nutzpflanzen. Die Menschen waren sesshaft geworden, zumindest zeitweilig lebten sie an einem Ort und bauten dort Getreide und andere Pflanzen an. Sie errichteten Häuser und lernten, wie vorteilhaft es war, Lebensmittel anzubauen und zu lagern. Getreide wurde schnell zum wichtigsten Nahrungsmittel. Brot backen konnte die Menschen allerding nur, wenn sie aus dem Getreide Mehl machen konnten. Der Bedarf an Getreidereiben und später an Mühlsteinen nahm zu. Die Lavaströme des Bellerberg-Vulkans lieferten eine hervorragende Lava, aus der Reib- und Mühlsteine hergestellt werden konnten. Schon damals war der Rhein ein wichtiger Handelsweg, von Mayen aus war der Weg durchs Nettetal zum Rhein nicht weit.

Da sie sesshaft waren und nicht mehr alles mit sich schleppen mussten, konnten die Menschen auch entsprechendes schweres Werkzeug entwickeln, um ihre Produkte zu verarbeiten, unter anderem schwere Reibsteine aus Basalt, die auf den steten Wanderungen eine Last gewesen wären. Aber jetzt wurden Reibsteine benötigt, um das Getreide zu Mehl zu reiben.

1993 wurde erstmalig ein neolithischer Steinbruch in den Lavaströmen des Bellerberges im Kottenheimer Winfeld entdeckt. Vermutlich wurde Feuersetzung als Abbaumethode benutzt, die Lava wurde durch Hitze gesprengt.

Steinbrüche des Neolithikums und auch aus der Bronzezeit sind kaum bekannt. Es war seinerzeit für die Menschen nicht notwendig, Steinbrüche anzulegen, denn die Nette hatte den Mayener Lavastrom freigelegt und auch die Nordwestseite des Winfeld-Lavastroms lag bei Kottenheim frei. Hier konnten sich die Steinzeitmenschen bedienen, von diesen Felswänden ist heute aber nichts mehr erhalten.

Bronzezeit

(2200–800 v. Chr.)

Die **Bronzezeit**, die Zeit, in der die Menschen Werkzeuge und Waffen aus Bronze herstellten, dauerte von 2200 bis 800 v. Chr. Bronze ist eine Legierung aus 90 % Kupfer und 10 % Zinn und erheblich härter als Kupfer. In Mitteleuropa wurden in der späten Bronzezeit (1300 bis 800 v. Chr.) die Menschen nach ihrem Tode eingeäschert, die Asche wurde in Urnen mit typischen Keramikformen beigesetzt. Durch diese Keramiken wird die Urnenfelderkultur definiert, mit Beginn der Eisenzeit wird sie durch die Hallstadtkultur abgelöst.

Aus der Urnenfeldzeit sind Funde von einfachen brotlaibförmigen Reibsteinen von zwei Fundstellen aus dem östlichen Mayener Grubenfeld bekannt.

Hallstattzeit – Ältere Eisenzeit

(800–450 v. Chr.)

In der **Hallstattzeit** (ältere Eisenzeit) nahm der Basaltlava-Abbau deutlich zu, an zehn alten Abbaustellen fand sich hallstattzeitliche Keramik. Offensichtlich wurde auch dort noch die Abbautechnik der Feuersetzung angewandt, gefunden wurden »Napoleonshüte«, Hartbasalthämmer und Hartbasaltkugeln.

»Napoleonshüte«

Latènezeit

(jüngere Eisenzeit, 450 v. Chr. – 0)

Aus der Latènezeit kennen die Archäologen im Mühlsteinrevier mehrere Dutzend Abbaustellen, an denen Reibsteine hergestellt wurden, auch die erstmalige Herstellung von Handmühlen wurde in der Latènezeit nachgewiesen. Die Technik des Mehlmahlens wurde zusehends verbessert. Auch Handel trieben die Menschen aus der Region mit diesen Produkten, nachweislich bis ins Gebiet des Vogelsberges und bis ins Maingebiet. Main und Lahn waren wichtige Handelswege.

Im zweiten und ersten Jahrhundert vor Christus wurden Drehmühlen aus der Bellerberg-Region bis nach Nordholland geliefert, sie wurden auf Binnenschiffen auf dem Rhein an die Küste transportiert und dort auf Küstenschiffe umgeladen. Andernach als Verladeort am Rhein profitierte schon damals vom Basaltabbau durch zunehmende Bedeutung als Markt- und Handelsort.

Römerzeit

(0–450 n. Chr.)

Über 70 römische Fundstellen sind aus dem Steinbruchgebiet bekannt geworden. Eine genauere Datierung gelang durch etliche Münzfunde und Keramiken. Verwendet wurden jetzt überwiegend Eisenwerkzeuge, zahlreiche dieser wertvollen Arbeitsgeräte wurden in den alten Abraumhalden gefunden. Das Standardwerkzeug römischer Steinbrucharbeit scheint der Zweispitz gewesen zu sein, die häufigsten Werkzeugfunde jedoch sind Eisenkeile.

Interessant ist, dass viele archäologische Funde erst in jüngerer Zeit gemacht wurden. Bei der Mühlsteinherstellung fiel sehr viel Abraum an, große Halden entstanden und da dieser Gesteinsabfall nicht wegtransportiert werden konnte, wurde er einfach auf den bereits abgebauten Flächen aufgehäuft. Über viele Jahrhunderte wuchsen diese Halden, das wertlose Material war zu nichts zu gebrauchen. Als aber im Rheinland und in anderen Regionen Deutschlands Eisenbahngleise verlegt und Straßen gebaut wurden, wurde aus diesem Abraum mit einem Mal wertvoller Rohstoff. Die während der Jahrhunderte aufgehäuften Schutthalden wurden zur Schotterherstellung aufbereitet. 1976 erst fand man in der Ettringer Lay römerzeitliche Abbauspuren und zerbrochene Mühlsteinrohlinge. Römerzeitliche Abbauhalden erreichten Mächtigkeiten von 15 Metern.

Produziert wurden Mühlsteine für Handmühlen, verschiedene Arten Kraftmühlsteine und Mörser. Zunehmend fand die Mayener Basaltlava auch Verwendung als Baustein und als Bildhauermaterial.

Neben den großen Basaltsteinbrüchen in den Lavaströmen des Bellerberg-Vulkans wurden in der Vulkaneifel auch weitere kleine römische Abbaugebiete bekannt, von denen wir später einige näher kennen lernen werden:

- Hohe Buche bei Andernach (ob hier in der Römerzeit Mühlsteine hergestellt wurden, ist fraglich, die Römer bauten hier Bausteine für die Römerbrücke in Trier ab. Dadurch mögen jegliche Spuren für den Mühlsteinabbau zerstört worden sein)
- Mauerlay bei Wassenach
- Eichholz
- Roßbüsch
- Dietzenley
- Mühlenberg bei Hohenfels-Essingen

Frühmittelalter

(450–800 n. Chr.)

Im Gegensatz zur Römerzeit war die Produktion von Handmühlen im Bellerberggebiet im Frühmittelalter deutlich zurück gegangen. Berechnungen der Archäologen ergaben, dass in der Römerzeit die zehnfache Menge an Handmühlen produziert wurde.

In der »Heimatkunde des Kreises Mayen« von Johann Zenner aus dem Jahre 1891 werden Orte wie Ettringen und Mendig nur nebenbei erwähnt.

Zur Bürgermeisterei St. Johann, einem großen Ort mit 10466 Einwohnern, gehörten seinerzeit St.Johann, Bell, Ettringen, Kirchesch, Niedermendig, Obermendig, Riesen, Thür, Volkesfeld und Waldesch. Der einzige Beitrag zu Mendig lautet: »Mendig oder Mennig, in zwei Ortschaften, Ober- und Niedermendig geteilt, liegt in der Nähe des Laacher Sees. Der Ort wird häufig in Urkunden genannt. So wird er z. B. im 11. Jahrhunderte unter dem Namen »Mendich« genannt, an anderen Stellen Menedich. Niedermendig hat 2993 Einwohner, viele Bierbrauereien, welche einen Weltruf haben.« Über Ettringen war lediglich zu erwähnen, dass es 1573 »Ettrich« genannt wurde.

Neuzeit

(ab 1500 n. Chr.)

Der Abbau der letzten Jahrhunderte ist im gesamten Mühlsteinrevier natürlich am deutlichsten sichtbar. In dieser Zeit entstanden die spektakulären Abbaugebiete wie die unterirdischen Lavakeller in Mendig und Mayen, aber auch die gewaltigen Felsschluchten bei Kottenheim und Ettringen.

Ältere Abbauspuren sind durch die jüngeren Abbautätigkeiten oftmals vernichtet worden. Die Bevölkerung in Europa nahm im Laufe der Jahrhunderte zu, der Bedarf an Mühlsteinen wuchs, die Produktionszahlen stiegen. Auch bessere Abbau-, Bearbeitungs- und Transporttechniken beim Handel mit den Mühlsteinen ließen die Produktionszahlen steigen.

Exkurs

Hochstein

Mittelalterliche Mühlsteinherstellung ist auch vom Hochstein überliefert. An der Ostseite des Kraterrandes gibt es alte Steinbrüche, in denen seit dem frühen Mittelalter Mühlsteine gewonnen wurden. Wie dieser Abbau dort betrieben wurde, ist nicht bekannt, im 18. Jahrhundert jedoch war das Wissen, dass dort überhaupt jemals Mühlsteine abgebaut wurde, verloren gegangen Selbst geborene Mendiger wissen von diesen versteckt gelegenen Brüchen oft nichts – so der Archäologe Fritz Mangartz im Buch »Der Hochstein«. Die Besonderheit dieses Abbaus ist, dass er nicht an einem Lavastrom liegt, sondern dass die Mühlsteine hier aus Schweißschlacken gewonnen wurden. Im Vergleich zur feinen Mühlsteinlava von Niedermendig, Kottenheim und Ettringen ist diese Lava von schlechterer Qualität, die Schweißschlacken des Hochsteinkraterwalls sind grob und körnig. Archäologen gehen davon aus, dass mit ihnen kein feines Mehl, sondern grober Getreideschrot hergestellt wurde, auch wurden wohl Obst und Ölfrüchte damit gepresst. Allerdings scheinen diese Mühlsteine zahlreich verwendet worden zu sein, denn aus der ganzen Eifel sind über 56 Schweißschlacken-Mühlsteinbrüche oder -Mühlsteinhöhlen bekannt. Auch die Schlucht vor der Genovevahöhle am Hochstein entstand durch Mühlsteinabbau, ursprünglich existierte hier ein massiver Kraterwall, der nur nach Norden hin geöffnet war, weil dort ein Lavastrom austrat – der fast bis nach Thür floss.

im Steinbruch am »Schafstall« liegt ein mittelalterlicher Mühlsteinrohling (u. l. vor dem Baum)

In den alten Steinbrüchen am »Schafstall« finden sich heute noch Mühlsteinrohlinge, die dort vielleicht noch seit dem Mittelalter herum liegen. Kein Weg führt zum alten Schafstall, es bedarf einer Suche mitten im Wald, um diese historischen Steinbrüche zu finden. Problemlos zu besuchen ist die Genovevahöhle, sie liegt am Traumpfad, hier entdecken wir zahlreiche Mühlsteinablösungen.

Basalt, Basaltsäulen und Basaltmühlsteine

Basalt ist eines der wichtigsten Gesteine des Rheinlandes. Große Vorkommen finden sich auf der östlichen Rheinseite im Siebengebirge und im Westerwald, auf der westlichen Rheinseite in der Eifel, im Ahrtal und im Drachenfelser Ländchen. Schon vor 7000 Jahren verarbeiteten Steinzeitmenschen im heutigen Mühlsteinrevier Basalt und aus dem Neolithikum vor 5000 Jahren sind Bergbauspuren bekannt.

Basalt ist ein vulkanisches Gestein. Basaltisches Magma kommt aus großer Tiefe, ist sehr heiß und im Vergleich zu anderen Lavaarten relativ gasarm. Wenn solch ein Vulkan ausbricht, schießen meist heiße Lavafontänen in die Höhe, wie wir dies heute beispielsweise am Stromboli beobachten können. Durch das ausströmende Gas wird die Lava in Fetzen zerrissen, die Lavafetzen erstarren während des Fluges durch die Luft und häufen sich rund um die Ausbruchsstelle als eher lockerer Schlackenkegel an. Solch ein Schlackenkegel kann im Laufe weniger Monate einen Durchmesser von bis 1000 Metern und eine Höhe von über 200 Metern erreichen.

Diese porösen Schlacken wurde von den Bewohnern der Region in späteren Jahren als Baumaterial für ihre Häuser abgebaut, in vielen Orten der Region findet man noch sehr schöne sogenannte »Krotzenhäuser«. Die häufigste Verwendung für diese Vulkanschlacken war jedoch der Straßenbau, seit den 1950 Jahren sind etliche Vulkankegel komplett verschwunden – so auch der für das Mühlsteinrevier so wichtige Wingertsberg am Laacher See.

Große Lavafetzen, die nahe dem Krater niedergehen, sind nicht abgekühlt, sondern noch glühend heiß. Sie verschweißen miteinander und werden deshalb als Schweißschlacken (Agglutinate) bezeichnet. Diese Agglutinate sind sehr verwitterungsresitent und bilden in der Landschaft oftmals hohe steile Felswände. Der Ettringer Bellerberg und der Kottenheimer Büden sind solche Schweißschlackenwände, schöne Beispiele in der Nähe sind auch der nördlich gelegene Hochstein und der am Ufer des Laacher Sees gelegene Krufter Ofen. Wer hier von unten den Pfad zur Teufelskanzel hinauf steigt, passiert die Rote Wand, eine mächtige Steilwand aus Schweißschlacken, auf deren Spitze die Teufelskanzel liegt.

In den Schweißschlacken des Hochsteins stoßen wir auf die Genovevahöhle. Sie ist keine echte Lavahöhle, sondern ein Bergbaurelikt, hier wurden die Schweißschlacken für Mühl- und Reibsteine abgebaut. In vielen Vulkanen der Eifel finden sich derartige Mühlsteinhöhlen (bspw. Eishöhlen am Rother Kopf, die Birresborner Eishöhlen oder die Mühlsteinhöhle auf dem Nerother Kopf).

Für das Eifeler Mühlsteinrevier sind aber nicht diese Schlacken von entscheidender Bedeutung, sondern die Lava, die ihnen folgte. Wenn nämlich der Gasdruck aus der Magmakammer nachlässt, sprüht die Lava nicht mehr aus dem Krater und wird nicht mehr in der Luft zerfetzt, sondern beginnt als kompakter Lavastrom aus dem Krater auszufließen. Nahezu gemütlich fließt sie über die Landschaft, die Fließgeschwindigkeit kann wenige Meter pro Sekunde betragen, aber auch viel langsamer sein. Wer in früheren

Zeiten schon mal auf dem Ätna auf Sizilien war, hat vielleicht Touristen gesehen, die dort gemütlich sitzen und schauen, während sich langsam ein Lavastrom an ihnen vorbei wälzt. Ein solcher Lavastrom kann wochenlang fließen, seine Abkühlung kann viele Monate lang dauern.

In dieser Zeit passieren zwei wichtige Dinge, die entscheidend waren für den jahrtausendelangen Mühlsteinabbau in der Region. In der Lava enthaltenes Gas war in der Tiefe der Erde aufgrund des hohen Drucks flüssig und wird nun gasförmig, es hat bei der Eruption eine Druckentlastung stattgefunden. Die vielen kleinen Gasbläschen, die sich nun in der ausfließenden Basaltlava gebildet haben, haben grundsätzlich das Bestreben, nach oben zu steigen und die Lava zu verlassen, genauso wie am Ufer des Laacher Sees das austretende vulkanische Gas im Wasser nach oben steigt. Aber die Lava ist bereits zu zäh, die Gasbläschen bleiben in der Lava und bilden schließlich im Basalt Poren.

Das kann jeder auf einer Wanderung selbst untersuchen (Exkursionsvorschläge 02 Kottenheimer Winfeld und 05 Ahl). Die Basaltlava des Hochsimmers, die in den Steinbrüchen der Ahl abgebaut wurde, ist extrem porenarm, es ist sogenannter Hartbasalt, der als Werkstein nicht zu verwenden ist, aus ihm werden dann beispielsweise Straßenschotter hergestellt. Im Kottenheimer Winfeld aber stoßen wir auf sogenannte Mühlsteinlava, einen sehr porenreichen Basalt, der sich ganz hervorragend als Werkstein und zur Mühlsteinherstellung eignet. Jedoch ist diese Lava nicht oft zu finden. Aber hier, in der Region zwischen Mayen und Mendig ließen mehrere Vulkane diese hochwertige, porenreiche Lava ausfließen und deshalb entwickelte sich hier über Jahrtausende ein in Europa einzigartiges Abbaugebiet für Mühlsteine.

Hinzu kam jedoch ein weiterer wichtiger Faktor: die Säulenbildung. Der Basaltlavastrom fließt mit einer Temperatur von über 1000 °C aus und kühlt dann ab. Unterhalb einer Temperatur von 980 °C beginnt die Lava zu erstarren, sie zieht sich zusammen, ohne dass Risse entstehen. Während der Abkühlung verringert sich das Volumen des gesamten Lavastroms. Der Lavastrom kühlt von unten durch die Kälte des Untergrundes und von oben ab durch die Kühle der Luft ab. In der Mitte ist er noch heiß und glühend, oben und unten aber schon fest. Nun kann sich die Lava nicht mehr zusammenziehen wie ein Teig, ihr Volumen schrumpft, aber der Lavastrom behält dennoch die gleichen Außenmaße. Dabei entstehen enorme Zerrspannungen. Ist die Lava auf eine Temperatur von 890–840 °C abgekühlt, entstehen Risse. Schreitet die Abkühlung weiter voran, weiten sich diese Risse und es entstehen die typischen Basaltsäulen. Yan Lavallée von der University of Liverpool und seine Kollegen waren die ersten, die diesen Vorgang im Labor nachstellen konnten. Sie verwendeten dazu Basaltlava des isländischen Vulkans Eyjafjallajökull.

Basaltsäulen werden umso dicker, je langsamer die Abkühlung voran schreitet. Im heutigen Mühlsteinrevier waren die Lavaströme glücklicherweise sehr dick, entsprechend lange dauerte es, bis die Lava abgekühlt war. So entstanden Lavasäulen mit Durchmessern von bis zu drei Metern – sie hatten das richtige Format, um daraus Kraftmühlsteine herzustellen. Wer die vergleichsweise dünnen Basaltsäulen der Vulkane im Westerwald, im Siebengebirge oder vielen Vulkanen der Vulkaneifel kennt, kann sich vorstellen, dass daraus keine Mühlsteine hergestellt werden konnten. Einen Meter Durchmesser muss ein Mühlstein mindestens haben.

Aber auch das Material Basalt an sich war entscheidend für die Reib- und Mühlsteinherstellung. In anderen Regionen wurden aus anderen Gesteinen Mühlsteine gefertigt. Wer auf der Buntsandsteinkante oberhalb des Rurtales bei Nideggen entlang wandert, entdeckt dort an etlichen Stellen große runde Löcher, aus denen Mühlsteine heraus gearbeitet wurden. Mühlsteine aus Sandstein? Eine Katastrophe für die Zähne. Reiben zwei Sandsteine aufeinander, bröseln die Quarzsandkörnchen heraus und landen im Mehl, wer jeden Morgen Brötchen mit Quarzsand isst, hat seine Zähne bald abgeschmirgelt. Das passiert beim Basalt nicht, beim Mahlvorgang entstehen nur sehr wenig Abrasive.

Im Jahre 1152 erfuhr die Mühlsteinherstellung einen deutlichen Einbruch. Während bisher in zahllosen kleinen Steinbrüchen Handmühlsteine für den Eigenbedarf hergestellt wurden, erließ Kaiser Friedrich Barbarossa in diesem Jahr den Mühlenbann. Jetzt durfte nicht mehr jeder, der wollte, Mehl mahlen, das durfte nur noch der Landes- oder Grundherr, dem dieses Recht nun zugesprochen war. Diese Herren ließen große Kraftmühlen errichten, das waren meist Wind- oder Wassermühlen. Dafür wurden große Kraftmühlsteine benötigt. In Niedermendig und Mayen, wo es hochwertigen Mühlsteinbasalt gab, wurde der intensive Mühlsteinabbau unter Tage ab etwa 1400 n. Chr. intensiviert. Bis ins 19. Jahrhundert hinein wurden hier fast ausschließlich Mühlsteine hergestellt, die Produktion von Werksteinen war nahezu unerheblich. Erst im 19. Jahrhundert nahm – allerdings mit einer Übergangszeit von bald 100 Jahren – der Werksteinabbau zu und die Mühlsteinherstellung kam nahezu vollständig zum Erliegen. Dies lag einerseits an starker französischer Konkurrenz, Mühlsteine aus Süßwasserquarzit aus der Campagne drängten auf den Markt. Gegen Ende des 19. Jahrhunderts eroberten zudem Stahlwalzen die Mühlenindustrie. Im Eifeler Mühlsteinrevier brach die Mühlsteinproduktion nahezu vollständig zusammen.

Basaltabbau in Niedermendig

Abbau-techniken

Im Laufe der Geschichte wurden verschiedene Abbautechniken angewandt, die abhängig vom verfügbaren Werkzeug waren.

In den Reibsteinbrüchen des Bellerberg-Vulkans ist die *Schlagspaltung* nachgewiesen worden, eine alte Abbautechnik, die vor der Benutzung von Eisenwerkzeugen angewandt wurde. Mit schweren Schlägeln aus Hartbasalt (wie er beispielsweise in den Lavaströmen des Hochsteins und des Hochsimmers abgebaut wird) wird auf den weicheren Mühlsteinbasalt gehämmert, es wird eine breite Rille geschlagen, irgendwann reißt der Stein.

Moderner ist die Keilspaltung. Dazu waren allerdings schon Keile aus Eisen notwendig, die in eine Spalte des Gesteinsbrockens getrieben wurden, bis dieser durch die entstehende Spannung riss. Bis ins 20. Jahrhundert hinein wurde auch die Quellkeilspaltung angewandt. Dazu wurden in eine geschlagene Rinne Holzkeile gesteckt, die befeuchtet wurden und dadurch aufquollen. Die Kraft des aufquellenden Holzes war dermaßen groß, dass es tatsächlich Basaltsäulen spalten und halbwegs freigehämmerte Mühlsteine aus der Felswand sprengen konnte. Als Eisenwerkzeuge verfügbar waren, trat die langwierige Quellkeilspaltung immer weiter in den Hintergrund.

Steinsägen verwendeten schon die Römer an den Graniten des Felsberges im Odenwald und im Ruwertal bei Trier zum Sägen von Marmor. Diese Gesteine sind allerdings erheblich weicher als Basalt, im Eifeler Mühlsteinrevier wurde Basalt zu dieser Zeit wohl nicht gesägt. Heute wird Mühlsteinbasalt zum Beispiel bei der Firma Mendiger Basalt mit riesigen Sägeblättern in Form gebracht.

Während die Sprengtechnik mit Schwarzpulver im mitteleuropäischen Bergbau bereits Anfang des 17. Jahrhunderts eingesetzt wurde, fand sie erst mit Beginn des 19. Jahrhunderts in den Osteifeler Basaltlavasteinbrüchen Anwendung.

Basaltabbau in Niedermendig

Anziehen der Keile mit dem Weck- bzw. Fasshammer, bis der Basaltklotz reißt

Neue Energien für das Mühlsteinrevier

Im Jahre 1903 kam der elektrische Strom ins Mühlsteinrevier und veränderte die Abbautechniken. Zuvor wurden die Basalte jahrhundertelang mit Göpelwerken in die Höhe gehoben, jetzt wurden elektrisch betriebene Grubenkräne eingesetzt. Der Grubenbesitzer Kaspar Helmes lernte im Hamburger Hafen die Technik elektrisch betriebener Kräne kennen und ließ Kräne bauen. 1904 kam der erste Kran im Grubenfeld zum Einsatz, zum Beginn des ersten Weltkrieges hatten die elektrischen Kräne die Göpelwerke weitgehend verdrängt. Die erste Generation der elektrisch betriebenen Grubenkräne hatte einen üppigen Ausleger nach hinten als Überbau, der schwere Motor mit der Drahtseilrolle diente als Übergewicht. Die moderne Krangeneration hatte einen einfachen Schrägausleger und brauchten kein Kontergewicht mehr. Die auftretenden Zugkräfte wurden durch eine tief in den Kransockel reichende Dreh- und Schwenkachse aufgefangen. Im Grubengebiet ließ Kaspar Helmes in seinem Basaltgrubenbetrieb in Mayen auf der Sauperg ein Elektrizitätswerk errichten, damit hatten die Gruben Strom bevor die Menschen in den Ortschaften über Strom verfügen konnten.

1924 wurde in der Basaltlavaindustrie die Pressluftechnik eingeführt. Zunächst wurden damit nur Presslufthämmer betrieben, zur Erzeugung der Pressluft wurden an den Gruben kleine Kompressorenhäuser mit einem Kessel errichtet. Auf ein solches Kompressorenhaus stoßen wir, wenn wir auf dem Vulkanpfad wandern und vom Kottenheimer Büden in das Winfeld gehen.

Ganz links: Kran der älteren Generation im Kottenheimer Winfeld

Links: Motor mit Drahtseilrolle an einem Kran im Kottenheimer Winfeld

Kran der jüngeren Generation im Kottenheimer Winfeld

Gebäude aus Eifeler Basalt

Der Basalt der Vulkaneifel war jahrhundertelang wichtiges und wertvolles Baumaterial in der Eifel, aber auch in vielen anderen Gegenden des Rheinlandes. Wunderschöne Häuser zeugen auch heute noch von dieser Zeit. An vielen Orten der Eifel wurden Aussichtstürme aus Basalt errichtet wie der Lydiaturm bei Wassenach auf dem Kraterwall des Laacher-See-Vulkans oder der Hochsimmerturm hoch über Ettringen.

Die Altstadt von Niedermendig besteht nahezu komplett aus Basaltgebäuden, was ihr gerade bei Nebel und in der Dämmerung ein durchaus unheimliches Erscheinungsbild gibt und den ahnungslosen Besucher an eine Szene aus einem Vampirfilm denken lässt. In der Niedermendiger Brauerstraße sind ebenfalls alle alten Gebäude aus Basalt, meist sind es die historischen Brauereigebäude. Besonders schön sind der alte Hof Michels in der Brauerstraße 5, die einstige Brauerei der Herrenhuter Brüdergemeine und die dahinter versteckt gelegenen Brauereigebäude. Etwas außerhalb liegt am Ende der Brauerstraße der Brauerhof, der Name verrät es, ebenfalls ein historisches Brauereigebäude, einst die Brauerei Karl Jakob Bubser.

Viele prächtige, aber auch kleine urige Gebäude finden sich in Kottenheim, das von einer Kirche aus Basalt überragt wird.

In Ettringen macht es sich bemerkbar, dass nördlich in großen Steinbrüchen ein heller Eifeltuff abgebaut wurde, der als Ettringer Tuff bekannt ist. An vielen Häuser ist Basalt verbaut, aber zum großen Teil bestehen sie aus dem hellen, leichter zu verarbeitenden Tuff. Direkt am südlichen Ortseingang grüßt ein schmuckes Kapellchen aus beiden Materialien.

Ganz anders sieht es nur einige Kilometer weiter in Weibern aus. Hier wurde jahrhundertelang und wird auch heute noch ein sehr heller Tuff abgebaut, im Rheinland als Weiberner Tuff bekannt. Der ganze Ort strahlt in hellen Farben und die Gebäude wirken kunstvoller, weil der weiche Tuff dem Steinmetz ganz andere Möglichkeiten der Gestaltung bietet als der harte Basalt.

Schöne Gebäude aus Basalt finden sich auch in Sankt Johann, Bell, Plaidt, Thür, Mayen und Andernach

Gebäude im Mühlsteinrevier

Aussichtstürme

An 240 Orten im Deutschen Reich wurden zwischen 1898 und 1915 (vereinzelt auch davor) Türme zu Ehren des ehemaligen Reichskanzlers Otto von Bismarck errichtet – Symbole einer beispiellosen Verehrung. Auch in der Eifel stehen Bismarcktürme, die meist aus Basalt erbaut wurde. Die Aussichtstürme in Ettringen und Wassenach jedoch haben andere Ursprünge. Beide wurden vom Eifelverein als Aussichtspunkt und Ausflugsziel errichtet. Zwischen 1909 und 1911 erbaute der Eifelverein Mayen den Hochsimmerturm – natürlich aus Mayener Basalt. Der Lydiaturm bei Wassenach wurde 1896 aus Holz von der Eifelvereinsgruppe Brohltal errichtet – weil sich der damalige Vorsitzende Dr. Hans Andreae sehr für seinen Bau einsetze, wurde der Turm nach seiner Ehefrau Lydia benannt. Wegen Baufälligkeit wurde dieser Turm 1925 geschlossen und abgerissen, bereits 1927 wurde der neue Turm aus Lavagestein eröffnet.

Rechts: Hochsimmerturm

Ganz rechts: Lydiaturm

23

Typische Bauweise Ettringer Häuser – dunkler Basalt und heller Ettringer Tuff

Ettringen

Der Ort Ettringen liegt weit oberhalb von Kottenheim zwischen dem Kottenheimer Winfeld und dem Hochsimmer – zwischen einem Basaltabbaugebiet und den Tuffsteinbrüchen am Sulzbusch und Schmitzkopf nördlich von Ettringen. Die Verfügbarkeit dieser beiden unterschiedlichen Gesteinsarten prägt das Bild von Ettringen – dunkler Basalt und heller, freundlicher Tuff wurden an den Häuser verbaut. Im Gegensatz dazu überwiegt in Kottenheim der dunkle Basalt, der vor Tür im Winfeld abgebaut wurde.

Kirche in Ettringen

Kottenheim

Kirche in Kottenheim

Kottenheim ist ein schmuckes Örtchen, dem man seinen Wohlstand zur Zeit des Basaltabbaus ansieht. Prächtige Gebäude aus den Gründerjahren (1871–1914) zeigen, dass nicht nur Deutschland nach der Gründung des Kaiserreiches eine Hochkonjunkturphase erlebte, sondern auch die Basaltabbaugebiete des Mühlsteinreviers. In Kottenheim stehen herrliche Bauten, sorgsam verarbeitet, vielfach verziert, dekorativ mit dem Tuff aus Ettringen kombiniert. Aus Kottenheim kamen Rohmaterial und Werksteine für die Prachtbauten des Wilhelminischen Zeitalters, für Bahnhöfe, Postämter, Brücken, Kirchen, Theater, Museen und Villen. Kottenheimer Steinbruchunternehmen lieferten den Basalt für den Hamburger Hauptbahnhof, für das Rathaus in Hannover und zahllose andere prächtige Bauten. Der Kottenheimer Historiker Franz G.Bell beschreibt im Heimatjahrbuch des Kreises Mayen-Koblenz vor allem die Geschicke des Kottenheimer Steinbruchunternehmers Jacob Pickel, der zu Basaltbrüchen auch noch Tuffbrüche in Ettringen erwarb und erheblich dazu beitrug, den deutschen Bauboom zwischen 1850 und 1900 zu bewältigen. In dieser Zeit verdoppelte sich die Bevölkerung Deutschlands.

Aber nicht nur im Mühlsteinrevier und den umliegenden Gemeinden wurde die hiesige Basaltlava verbaut, wir finden sie überall im Rheinland und insbesondere dort, wohin sie über den Rhein transportiert werden konnte. Basalt aus Mendig und Mayen wurde unter anderem am Bonner Münster, an Düsseldorfer Kirchen, an den romanischen Kirchen Kölns und am Kölner Dom verbaut.

Schöne Häuser erbaut aus Basaltlava in Kottenheim

Kölner Dom

In den ersten Jahrzehnten des 19. Jahrhunderts wurden die Gesteine des Siebengebirges immer teurer und so griffen die Steinmetze zu Beginn der 1830er Jahre auf Eifeler Basaltlava, vor allem aus der Gegend von Niedermendig, zurück. Die Mendiger Basaltlava ist zweifelsohne ein famoser Baustein. Gegen Verwitterung ist sie nahezu völlig immun und auch die Luftverschmutzung, die gerade neben dem Kölner Hauptbahnhof außerordentlich stark war, konnte ihr nichts anhaben. Während allerdings die frisch gebrochene Basaltlava noch dunkelgrau war, wurde sie an der Luft im Laufe der Zeit vollkommen schwarz. Dombaumeister Zwirner wollte keinen schwarzen Dom, weshalb dieses Gestein nur noch für Sockel, Plattierungen und Wasserrinnen verwendet wurde. Diese Teile sind nahezu durchgehend feucht und fallen wenig ist Auge. Aus Sicherheitsgründen werden deshalb heute auch große, frei auskragende Wasserspeier aus Mendiger Basaltlava hergestellt.

Auch war die Zuverlässigkeit der Lieferanten nur bedingt zufrieden stellend So schreibt Zwirner an anderer Stelle »Die Steinbrecher sind dort meistens gleichzeitig Ackerbesitzer und lassen daher im Falle dringender Feldarbeiten das Brechen im Stich; selten arbeiten sie den ganzen Tag hindurch in den freilich sehr feuchten Steinbrüchen. Als in den Jahren 1831 bis 1833 die Besitzer der größten Steinbrüche die Lieferung von Werksteinen für den Dombau übernommen hatten, konnten sie die Liefertermine aus den gedachten Gründen nie einhalten und die Beschaffung großer Werkstücke verursachte außerordentliche Schwierigkeiten. Auf ausgedehnte Lieferung ist dort nie zu rechnen«

Basalt aus dem Mühlsteinrevier, wahrscheinlich aus Mayen, verbaut am Sockel des Kölner Doms, hier an der Seite zum Roncalliplatz

Die Lavakeller des Mühlstein-reviers in Niedermendig und Mayen

Die Lavakeller sind eine der faszinierendsten und geheimnisvollsten Teile des Mühlsteinreviers. Bis zu 30 Meter unter der Erdoberfläche gelegen existieren riesige Säle mit bis zu 15 Metern Deckenhöhe, die größten unterirdischen Basaltbergwerke der Erde. Die Zugänge sind verschlossen, das Betreten ist verboten und nicht ungefährlich. Umso mehr Legenden und Gerüchte sprießen über diese Unterwelt, die sich in den Museumskellern des Lava-Domes und der Vulkanbrauerei in Niedermendig besuchen lassen.

Mendiger Lavakeller

Fig. 2
Fig. 5.
Fig. 4.
Fig. 6.
Fig. 7.
Fig. 1.
Fig. 3.
Hintere Göpelsäule
Fuss für den Schacht und Göpel
Fuss für das Gezähe
Archiv für Bergbau. Bd XVII. Hft. 2.

Niedermendig

Weil der Basalt in Niedermendig von bis zu 30 Metern Tuff überlagert wurde, blieb den Steinhauern nichts anderes übrig, als sich durch die Bimsablagerungen des Laacher-See-Vulkans in die Tiefe zu graben, bis sie schließlich dort unten auf den Mühlsteinbasalt trafen. Seit dem Mittelalter wurden die Mühlsteine untertage abgebaut, 169 abgeteufte Schächte sind noch heute bekannt, über die die Bergleute in den Untergrund gelangten und durch die mit Göpelwerken die Mühlsteinrohlinge hinauf gezogen wurden.

So entstanden im Laufe vieler Jahrhunderte die gewaltigen Lavakeller von Niedermendig, die auf einer Fläche von nahezu drei Quadratkilometern den Ort unterhöhlten und riesige Räume von 10 und mehr Metern Höhe bilden. Heute ist ein Großteil dieser historischen Lavakeller durch den Basaltabbau im Tagebau bereits zerstört worden. Etwa ein Quadratkilometer ist noch verblieben, was auch noch ein gigantisches Areal darstellt. Da dieses Gebiet unter den Häusern von Niedermendig liegt, ist es vor der Zerstörung sicher.

Bis zu 30 Meter Bims lagen auf dem wertvollen Basalt. Um an den Basalt zu gelangen, wurden Schächte durch den Bims abgeteuft, das war in der Regel eine Arbeit für Frauen, denn der Bims wog nur sehr wenig und musste in Körben nach oben ans Tageslicht getragen werden. Die Arbeit im harten Basalt war Männerarbeit. Die Schächte wurden mit Basalt ausgemauert, damit der lockere Bims nicht in den Schacht bröselte und der Schacht nicht zusammenbrach. Auf dem Schacht wurde ein Göpelwerk errichtet, diese von Pferden oder auch Menschen betriebene Winde zog Mühlsteine und andere Basalte nach oben.

Mendiger Lavakeller

Das Abteufen der Schächte durch die bis zu 30 Meter dicke Bimsschicht war Frauenarbeit

Mayen

In Mayen wurde 7000 Jahre lang Basalt abgebaut. Was in der Steinzeit mit kleinen Abbaustellen begann, entwickelte sich im Laufe der Jahrtausende zu einer wahren Industrie. Riesige Rötschen (Abraumhalden) bestimmten das Landschaftsbild, im 14. Jahrhundert ging auch in Mayen der Basaltabbau unter Tage, um hier an den wertvollen Mühlsteinbasalt zu kommen. Göpelwerk stand neben Göpelwerk, jeder, der etwas Land hatte, grub sich in die Tiefe, ein kleines Bergwerk lag neben dem anderen. Auch in Mayen wurde ein großer Teil der unterirdischen Lavakeller durch den anschließenden Basalt-Tagebau zerstört.

Ein Teil konnte durch den Ankauf der unterirdischen Lavakeller durch den NABU gerettet werden, die Finanzierung erfolgte großzügig durch das Land Rheinland-Pfalz.

In diesen Kellern lagerten im 18. und 19. Jahrhundert Mayener Brauereien ihr Bier. Gebraut wurde in Mayen, sieben Brauereien waren hier ansässig. Das Bier wurde ins Mayener Grubenfeld gebracht und dort unterirdisch und kühl eingelagert. Überlebt hat von diesen Kellern der heute »Bierkeller« genannte Keller der Brauerei Kanonenbräu.

Ziemlich gut versteckt in einem alten Tagebau liegt der Eingang zum Mayener Bierkeller, durch einen Zaun ist das Gelände gesichert, denn hier ist heute das Zuhause zahlloser unter Naturschutz stehender Fledermäuse. Ursprünglich wurde auch hier der Basalt nur unterirdisch abgebaut, aber nachdem die Maschinen immer größer wurden und der Bagger den Meißel als wichtigstes Werkzeug abgelöst hatte, wurde die Decke der Mayener Lavakeller durch einen Tagebau in den 1950er Jahren geöffnet und der Felsenkeller angeschnitten. Ein riesenhaftes Tor führt in die Unterwelt, die aber nicht nur an den Basaltabbau erinnert, sondern auch an die Zeit, als dort Bier gelagert wurde. Mauern, glatte Böden, auf denen Bierfässer gestapelt und transportiert wurden und Treppen zeugen davon. Der Blick nach oben zeigt gemauerte Schächte, die 20 Meter über uns ans Licht führen. Teils sind es Eisschächte, durch die im Winter Eis hinab gelassen wurde, um das gelagerte Bier zusätzlich zu kühlen, das Eis wurde in speziell zur Eisherstellung angelegten Eisweihern hergestellt.

Einst war dies der Bierkeller der Kanonenbräu. Johann Friedrich Hipp gründete diese Brauerei im Jahre 1881 und verkaufte sie 1890 an Carl Hubert Bühl in Köln. Der nannte sie *Kanonenbräu* und verkauft sie 1904 an Max Graessel. Dieser wiederum kaufte 1913 die in Konkurs gegangene Bruns'sche Brauerei dazu und nannte sein neues Brauereikonglomerat *Löwenbräu*. Sieben Brauereien gab es einst in Mayen, die Löwenbräu-Brauerei schließt erst im Jahre 2000 endgültig.

Der Fotograf Heinrich Pieroth fotografierte seinen Freund Fridolin Hörter in den 1930er Jahren an eine Basaltsäule gelehnt, auf dem aktuellen Foto von 2019 die gleiche Treppe.

Mayener Grubenfeld

In den Lavaströmen der Bellerberg-Vulkangruppe wurden über Jahrtausende Basalt abgebaut. In den Zeiten der römischen Besatzung nahm dieser Abbau an Intensität und Umfang zu. Ein Mühlstein-Steinbruch aus der Römerzeit lässt sich im Open-Air-Museum »Erlebniswelten Grubenfeld« besichtigen. Allerdings war es zunächst gar nicht möglich, diesen Steinbruch zu entdecken, wie so viele andere Zeugnisse aus der Vergangenheit war er unter Schutt begraben.

Jahrhundertelang bauten die Layer Basalt als Mühlstein und Werkstein ab. Vor Ort wurde der Stein zurecht geschlagen und in Form gebracht, denn beim ohnehin schwierigen Transport der schweren Stücke sollte jedes Kilogramm vermieden werden. Der ganze Schutt blieb einfach liegen und so türmten sich über die Jahrtausende riesige Schutthalten auf, die die alten Abbaugebiete bedeckten. Es war wertloses Material, das bestenfalls im Weg lag. Dies war eigentlich ein Glück für den 1904 gegründeten Mayener Geschichts- und Altertumsverein (GAV), dessen Mitglieder systematisch die archäologischen Fundstellen im Großraum Mayen besichtigten. Mit Beginn des 20. Jahrhunderts nahmen nämlich die Funde aus den Steinbrüchen erheblich zu. Durch neuere Techniken konnten jetzt auch Bereiche abgebaut werden, deren Abbau zuvor nicht möglich war. Allerdings waren sie oftmals von den gewaltigen Schutthalden bedeckt. Für den Straßen- und den Eisenbahnbau wurde in immer größeren Mengen Schotter benötigt. Der bis dahin wertlose Schutt wurde mit einem Mal wertvolles Baumaterial. Wurden der Schotter zunächst noch in Handarbeit hergestellt, wurden später Brechwerke gebaut, die mit ohrenbetäubendem Lärm den Basalt in die richtige Größe zerkleinerten.

Bis 1959 fand der Abbau im Mayener Grubenfeld in kleinen Gruben statt, die überall im Gebiet verstreut waren und das gesamte Areal wie einen Schweizer Käse aussehen ließen. Danach nahm der Abbau gewaltige Formen an, jetzt wurde in großen Tagebauen die Landschaft regelrecht abgetragen und vollkommen verändert, Jan-Heyko Gehle vergleicht diese Veränderungen in den Beiträgen zur Heimatgeschichte gar mit dem Braunkohleabbau im Rheinischen Revier.

Als geologisch Interessierte nehmen wir diese Landschaftsveränderungen aber auch wohlwollend zur Kenntnis. Der Geologe braucht große und tiefe Löcher in die Erdkruste, um das Geschehen vergangener Erdzeitalter interpretieren zu können. Die gewaltigen Aufschlüsse gewähren uns unübertroffen schöne und interessante Einblicke in das Erdinnere, in das Innenleben von Vulkanen und Lavaströmen.

Schauen wir uns die Wunden in der Landschaft heute nach dem Abbau an, sehen wir in den vielen Steinbrüchen überall wertvollen Biotope, Lebensräume für Amphibien, Insekten und Pflanzen und Brutgebiete für Vögel wie Falken und Uhus. Für den Naturschutz sind die alten Steinbruchgebiete oftmals ein großes Geschenk, denn Besiedelung und Landwirtschaft nehmen häufig Lebensräume weg, die hier erhalten bleiben. Für etliche Arten sind dies die letzten Rückzugsräume.

Historischer Tagebau im Mayener Grubenfeld

Die Bergbaulandschaft des Mayener Grubenfeldes, im Hintergrund die Bellerberg-Vulkangruppe

Preußische Uraufnahme von 1847 des Mayener Grubenfeldes

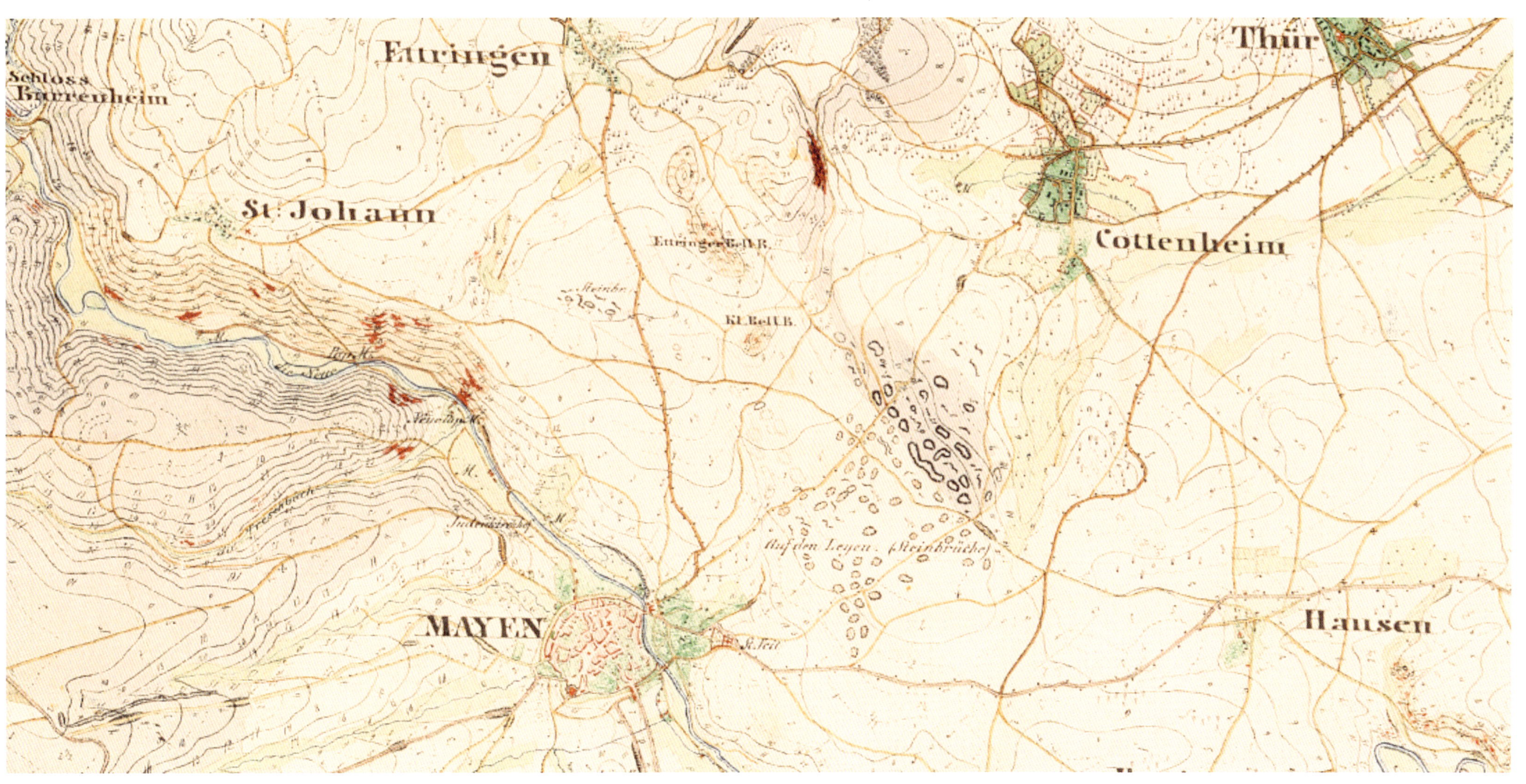

Mayener Grubenfeld – Silbersee

(Ausgrabungen 1999–2001)

Während der letzten Jahrzehnte des 20. Jahrhunderts baute die Fa. Krämer im Mayener Grubenfeld Basalt ab und erweiterte ihren Steinbruch. Dabei wurden alte, durch Abraum verschüttete Steinbrüche wieder freigelegt und Arbeitsspuren entdeckt, der Abraum wurde in die Brechwerke gefahren.

Wir erinnern uns: beim Abbau von Reibsteinen und Mühlsteinen fielen ungeheure Schuttmassen an, die nicht abtransportiert wurden, sondern neben der Abbaustelle auf Halde geschüttet wurden. So türmten sich dort im Laufe der Jahrhunderte große Schuttberge an. Als in jüngerer Zeit Schotter für den Wege- und Straßenbau und für Eisenbahngleise benötigt wurde, wurden diese alten Halden abgetragen und in Schotterwerke auf die richtige Schottergröße zerkleinert.

Schon bei diesen Aufräumarbeiten im alten Steinbruchgelände wurden Mühlsteinrohlinge aus der Römerzeit entdeckt, in noch stehenden Basaltsäulen wurden Löcher für die Keilspaltung gefunden. Nur an zwei Stellen im Mayener Grubenfeld finden sich Spuren des Bergbaus aus römischer Zeit, hier konnte der aktuelle Abbau rechtzeitig eingestellt werden, bevor diese Spuren zerstört wurden.

Mayener Silbersee im Winter

Schacht im Mayener Grubenfeld

Mühlsteinrohlinge aus der Römerzeit am Silbersee

Museumslandschaft
Erlebniswelt Grubenfeld

Ettringer Lay

Mit der Kaiserzeit begann in den Basaltabbaugebieten eine neue Hochkonjunktur. Immer mehr Gruben entstanden. Ein Göpelwerk reihte sich an das andere. 1836 wurde erstmals seit der römischen Zeit im Ettringer Lavastrom wieder Basalt abgebaut. 1880 standen hier sieben Göpelwerke, um 1900 hatte sich ihre Zahl mehr als verdoppelt. Über 40 Meter tiefe Schluchten entstanden, um den Ettringer Lavastrom abzubauen. Eine Wanderung in die Schluchten der Ettringer Lay ist auch heute noch ein imposantes Erlebnis. Überall zeugen Bergbaurelikte von der Zeit des Basaltabbaus: Reste elektrischer Grubenkräne, Kransockel, Gebäudereste und Schienen ehemaliger Grubenbahnen.

Die »Große Wand« der Ettringer Lay, eine 40 Meter hohe Wand aus mächtigen Basaltsäulen ist eine der größten Felswände der Eifel und heute beliebtes Ziel für Kletterer.

Basaltabbau im Ettringer Feld

Basaltabbau im Ettringer Feld – Schacht reiht sich an Schacht

Die »Große Wand« der Ettringer Lay ist heute ein Kletterparadies

Der Basaltabbau im Kottenheimer Winfeld

Im Kottenheimer Winfeld wurde 1993 ein neolithischer Steinbruch entdeckt, hier begann der Abbau des Basaltes in den Lavaströmen des Bellerberges bereits vor 7000 Jahren. Allerdings sind Steinbrüche aus dieser Zeit und auch aus der nachfolgenden Bronzezeit kaum bekannt – für die damaligen Menschen war es nicht notwendig, Steinbrüche anzulegen, da südlich der Nette und nördlich von Kottenheim der Basalt frei lag. Die Steinzeitmenschen konnten sich hier einfach bedienen.

Jahrhundertelang wurde auch im nördlichen Lavastrom des Bellerberges Basalt abgebaut, gewaltige Schluchten entstanden, an vielen Stellen stoßen wir heute auf Reste alter Gemäuer und auf Kräne, die auf Sockeln aus Basalt stehen. Bis in die 1980er Jahre wurde im Winfeld Basalt abgebaut, wer genauer hinschaut, erkennt ältere und jüngere Kräne. Einst wurden auch hier aus dem Basalt Mühlsteine hergestellt, später wurde Schotter produziert. Im Winfeld wurde ein großes Brechwerk errichtet, zu dem aus allen Ecken der Ettringer Lay und dem Winfeld jeder nur erdenkliche Basaltabfall auf Loren gekarrt wurde, um dort im Brechwerk zu Schotter für Eisenbahngleise und Straßenuntergrund zertrümmert zu werden – wahrlich keine stille Angelegenheit.

Im Jahr 1982 war in Kottenheim plötzlich Schluss und das Winfeld-Brechwerk wurde geschlossen (angeblich aufgrund eines größeren Schadens am Brecher). 1994 wurde es abgerissen, heute erinnert lediglich noch eine Schautafel an die einstige Anlage.

Da das Winfeld erheblich höher lag als die Ortschaft Kottenheim, musste der Schotter irgendwie hinab nach Kottenheim, um dort auf die Eisenbahn verladen zu werden: eine Bremsbahn wurde gebaut. Sie ist heute noch als gerader Weg den Hang hinab in der Landschaft zu erkennen. Über die Bremsbahn wurde lediglich Schotter transportiert, keine Mühlsteine. Eine Zufahrt mit LKW in die Gruben gab es zu dieser Zeit noch nicht, der Weg mit einer Lorenbahn wurde gewählt. Auf zwei nebeneinander liegenden Gleisen fuhr eine mit Schotter beladene Lore nach unten zum Bahnhof, mit ihrem Gewicht zog sie auf dem Nebengleis drei leere Loren nach oben. Kamen die leeren Loren oben an, mussten sie unbedingt mit einem Bremsklotz festgestellt werden, sonst konnte es passieren, dass die Loren hangaufwärts durch die Luft geschleudert wurden, wenn die hangabwärts rollenden Loren zu viel Zug ausübten. Üble Verletzungen der Arbeiter konnten die Folge sein.

Bremsbahn (links) und Brechwerk (rechts) im Winfeld

Bahnhof Kottenheim
mit Mühlsteinen

Werksteinverladung
am Bahnhof
Kottenheim um 1910

Basaltlavawerk von Franz Xaver Michels, Grube Kottenheim, 1887

Grube im Kottenheimer Winfeld. Die Gruben erreichten Teufen von über 50 Metern.

Eine Wanderung durch das Winfeld ist auch heute ein ganz besonderes Erlebnis. Mehrere Zehnermeter hoch ragen an manchen Stellen die Basaltsäulen senkrecht in den Himmel. Obenauf recken verrostete Kräne ihre Arme in die Luft, Lasten gibt es für sie keine mehr. Mal führen kleine Pfade in einen anderen Bereich, mal wandern wir auf breiteren Wegen. Es scheint, als sei eine große Anzahl von Talkesseln aneinander gereiht, viele sind versteckt, von Kiefern und Buchen bewachsen, schmale Gänge führen hinein, mal scheint sich ein Tor zu öffnen, wohl eine ehemalige Grenze zum Abbaugebiet des Nachbarn. Auch hier hängen bei schönem Wetter selbst an den verstecktesten Ecken Kletterer in den Wänden, ihnen zuzuschauen ist oft atemberaubend.

Die Tour ist zu jeder Jahres- und Tageszeit schön, aber am schönsten ist sie bei Nebel. Wenn die Nebel noch in den Schluchten hängen und man nicht weiß, wie es weiter geht und was denn wohl dahinten kommen mag. Geheimnisvoll mutet es an, ebenso ist es in der Dämmerung. Wer in die Dunkelheit gerät, sollte ein GPS-Gerät dabeihaben, auch wenn der Empfang zwischen den Felsen oft dürftig ist. Und Vorsicht, es gibt Stellen mit Absturzgefahr.

Wer sich nicht verlaufen möchte, was hier möglich ist, durchquert das Winfeld auf dem gut markierten Vulkanpfad oder auf dem Mühlsteinwanderweg. Andererseits, so groß ist das Winfeld auch nicht, es kann nur schon mal etwas länger dauern, bis man wieder draußen ist.

Immer wieder stoßen wir im Winfeld auf die meist von Brombeeren überwucherten Reste von alten Grubengebäuden.

Alte Lore im Winfeld, von Dornen überwuchert. Einst wurde in ihr Basalt transportiert

vertikal
HUNGARIA
KLIMCLUB
NSAC
voor klimmen en alpineren!
EIN FÜR PARTY
NSAC

Auf schmalen Pfaden durch Kottenheimer Winfeld, entlang mächtiger Basaltsäulen

Niedermendiger Lavakeller

Während in den Lavaströmen des Bellerberg-Vulkans bei Mayen und Kottenheim bereits Steinzeitmenschen und Römer intensiv Basalt abbauten, liegen nach Friedhelm Hörter (1993) für Niedermendig keine Beobachtungen über vorgeschichtliche oder römische Steinbrüche vor.

Wann der untertägige Abbau in Niedermendig begann, ist nicht genau bekannt, es gibt keine Dokumente aus dieser Zeit. Vermutlich begannen die Mendiger vor etwa 600 Jahren, sich in die Tiefe zu graben und den kostbaren Basalt unter dem Laacher-See-Tuff hervorzuholen.

Den ältesten schriftlichen Nachweis überhaupt gibt eine Urkunde des Klosters Laach aus dem Jahre 1200 (Bertram Resmini). Eine Mühlsteingrube an den Rändern der Lavaströme wurde gegen Materialentgelt (jeder zweite Stein) an einige Niedermendiger Steinhauer am Laachgraben verpachtet. Dies ist der allererste schriftliche Nachweis über eine Grube im Mayen-Mendiger Raum.

Einen ersten schriftlichen Hinweis auf den Untertagebau in Niedermendig datierte der Historiker Friedhelm Hörter 2003 auf das 15. Jahrhundert. Es wurde berichtet, dass die immer größer werdenden Abraummassen zur Anlage senkrechter, von oben abgeteufter Grubenschächte führten.

Im Laufe der Jahrhunderte entstanden Lavakeller, die nahezu 2,8 Quadratkilometer groß waren. Durch den in jüngerer Zeit einsetzenden Tagebau rund um Mendig wurden große Teile der unterirdischen Keller zerstört. Heute ist wahrscheinlich noch etwas mehr als ein Quadratkilometer erhalten – wobei nicht sicher ist, ob alle unterirdischen Hohlräume überhaupt bekannt sind.

Wir müssen uns das vorstellen: diese riesige Unterwelt, die eine perfekte Kulisse für die Höhlen von Moria unter dem Nebelgebirge in der Verfilmung des Herrn der Ringe geliefert hätte, wurde in reiner Handarbeit gefertigt. Nur fünf Werkzeuge wurden benutzt: Hauhammer, Weckhammer, Wetzkopp, Keile und Stemmeisen.

Erst später wurde auch in Niedermendig der Basalt in Steinbrüchen abgebaut, als nämlich der darüberliegende Trass zu einem wertvollen Baustoff geworden war und sich der Abbau wirtschaftlich lohnte.

Werkzeuge der Layer:

- Mit dem leichten Hauhammer wird die Basaltsäule oben aus dem Gesteinsverbund gelöst.
- Mit dem schweren Weckhammer werden am Fuß der Säule schräge Rillen in die Basaltsäule gehauen
- Mit dem Wetzkopp werden Keile dort hinein getrieben, bis die Säule reißt. Der Wetzkopp wurde außerdem zum Ausschlagen und Zurichten der Rohblöcke verwendet
- Mit dem Stemmeisen wird die Basaltsäule aus dem Gesteinsverbund gelöst und zum Umfallen gebracht.

Basalttagebau in
Niedermendig
um 1910

Oben: Basaltabbau in Niedermendig 1887

Links: Niedermendiger Basaltabbaugebiet um ca. 1900 – Im Gebiet der Brauerstraße und Stürmerich reihen sich die Hütten der Bergarbeiter aneinander, zahlreiche Göpelwerke stehen auf den Schächten nach Untertage. Im Hintergrund die evangelische Kirche von Niedermendig (erbaut 1892) neben dem heutigen Lava-Dome sowie die Vulkane Hochstein und Hochsimmer. Im Bild sind vor der Kirche zahlreiche große Bierfässer zu erkennen, die Brauereien hatten sich also bereits in Niedermendig niedergelassen und brauten Bier in den Lavakellern.

Göpelwerke in Niedermendig

Blick auf eine Mühlsteinkaul in Niedermendig. Göpelwerk und Arbeitsplatz (die »Traacht«) mit der Schutzhütte (1897)

Typische Arbeitsbedingungen, wie sie jahrhundertelang im Mühlsteinbergbau herrschten. Im Licht der Karbidlampen gewannen die Layer mit der traditionellen Methode der Keilspaltung die Basaltlavablöcke.

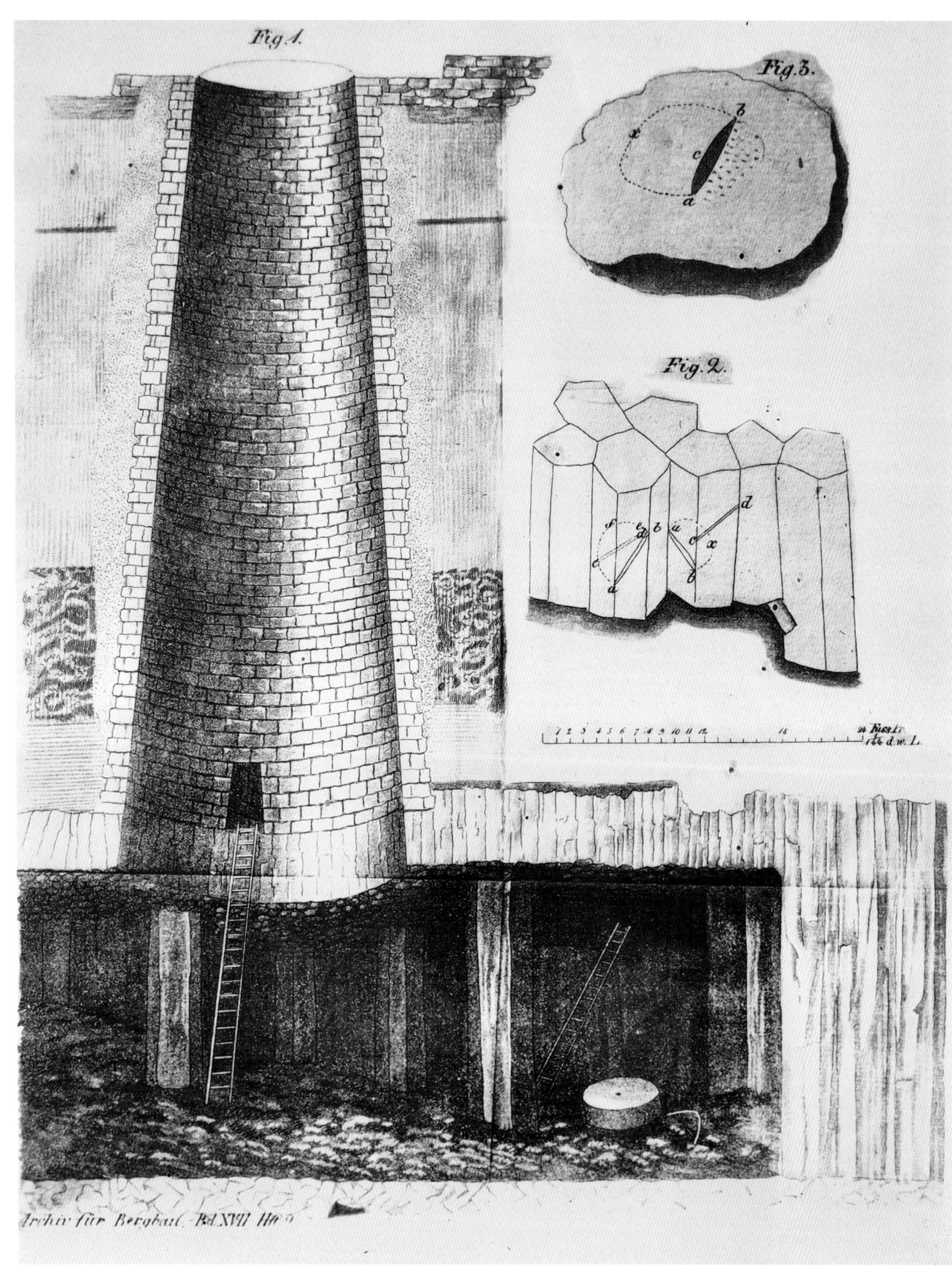

Zeichnung »Unterirdische Basaltlavagrube bei Niedermendig, Anfang 19. Jahrhundert«

An etlichen Eingängen führten schmale, steile Treppen in den Untergrund, über die die Layer an ihre Arbeitsplätze gelangten

In den 1960er Jahren wurde der untertägige Basaltabbau in Mendig eingestellt. Die aufwendige Untertagegewinnung war wirtschaftlich nicht mehr lohnend. Mittlerweile konnte der überliegende Bims mit großen Maschinen abgetragen und als Baustoff weiterverwendet werden, der Abbau des Basaltes im Tagebau war erheblich kostengünstiger, Mühlsteine wurden bis auf Ausnahmefälle gar nicht benötigt.

Mendiger Lavakeller heute

P241204
P241302
P241204

an vielen Stellen in den Lavakeller hängen unter dem Geglöcks noch mit Keilen und Haken angebrachte Bretter oder Hölzer, auf die die Layer Werkzeuge ablegten, wenn sie dort oben arbeiteten

9246
3303

P25/1301

Römische Basaltabbaustellen

Mauerlay bei Wassenach

Nördlich des Laacher Sees steht der Vulkan Veitskopf, aus dem drei Lavaströme ausgeflossen sind. Wer diesen Vulkan umwandert stößt an seiner Westseite auf eine große Öffnung im Schlackenkegel, hier floss ein Lavastrom heraus und in das damalige Tal des Gleeser Baches in Richtung Burgbrohl. Der Bach grub sich am Nordwestrand des erstarrten Lavastroms ein neues Bachbett, das beim Ausbruch des Laacher See-Vulkans durch pyroklastische Ascheströme erneut zugeschüttet wurde. Und wieder grub der Bach sein Bachbett frei und legte dabei wiederum auch die Nordwestflanke des Lavastroms frei. Der Basalt war säulig ausgebildet, waagerechte Klüfte zerteilten ihn gelegentlich. Während der Eiszeiten setzte die Verwitterung diesem Lavastrom zwischen Veitskopf und Kunkskopf zu, immer wieder brachen teils gewaltige Basaltblöcke heraus und rollten in Richtung des vom Bach mittlerweile weiter eingetieften Tals und bildeten am Rande des Lavastroms teils wilde, unwegsame Blockhalden.

Dieser Bereich wird als Mauerlay bezeichnet, man erreicht ihn von Wassenach aus über einen gerade darauf hinführenden Feldweg, vorbei an der weißen Kapelle auf der Lay. Einen Wanderparkplatz gibt es am Ortsrand Wassenach auf der Tönissteiner Straße/Ecke Gleeser Straße, hier steht bereits ein Wegweiser zur Mauerlay

Die Mauerlay ist landschaftlich ausgesprochen reizvoll und an vielen Stellen lassen sich römische Arbeitsspuren finden: Keiltaschen, Keilrillen und Bohrlöcher. Abgebaut wurden in erster Linie Blöcke für Bauzwecke, nur sehr unterordnet Mühlsteine. Die Lava des Veitskopfes erwies sich als sehr hart und deshalb erheblich schwerer zu bearbeiten als die Lava der Bellerbergvulkane bei Mayen oder des Wingertsberges bei Mendig. Der Archäologie Fritz Mangartz meint, dass an der Mauerlay ausschließlich römische Steinbruchtätigkeit stattgefunden habe und dass hier ein ungestörtes römisches Steinbruchareal vorliege.

Römische Abbauspuren an der Mauerlay bei Wassenach

Hohe Buche bei Andernach

Ein Stück nordwestlich von Andernach-Namedy liegt der Vulkan Hohe Buche. Vor 100.000 Jahren floss ein Lavastrom in Richtung Rheintal aus, erreichte den Rhein und floss in den Fluss, ohne ihn aber zu verschließen und aufzustauen. Dieses Ereignis inspirierte den Bonner Vulkanologen Ulrich Schreiber zu seinem Geo-Thriller »Die Flucht der Ameisen«, in dem er ausmalt, was in Europa passieren könne, wenn in der Eifel der nächste Vulkan ausbrechen würde. Schon in der Latènezeit, vielleicht auch früher, wurden aus der Lava der Hohen Buche Reibsteine hergestellt, auch römische Produktion ist in geringem Umfang bekannt geworden. Überwiegend wurden hier aber Bausteine produziert. In der Römerzeit um 150 n. Chr. wurde anscheinend nur Material für die Römerbrücke in Trier gebrochen, im 12. Jahrhundert für die Burg Hammerstein, im 15. und 16. Jahrhundert für Stadtmauer und Straße in Andernach und im 19. Jahrhundert für den Nordkanal zwischen Rhein und Maas.

Römische Abbauspuren an der Hohen Buche bei Andernach

Rauschermühle bei Plaidt

Hinter der Rauschermühle, dem Vulkanpark-Zentrum, durchbricht das Flüsschen Nette den Lavastrom der Wannenkopf-Vulkane. Vor etwa 200.000 Jahren war der Eifelvulkanismus etwas südlich der Rauschermühle sehr aktiv. Südlich von Plaidt entstanden die Wannenköpfe, eine größere Gruppe nicht allzu großer Schlackenkegel. Aus einigen von ihnen flossen Lavaströme aus und fanden eine Rinne, durch die sie hindurch fließen konnten: das damalige Tal der Nette. Der Nette war nun ihr einstiger Weg zum Rhein versperrt, lange Zeit floss sie westlich der neu entstandenen Mauer aus Basaltlava entlang, bis es ihr gelang, an der heutigen Rauschermühle diesen Basaltlavastrom zu durchbrechen und dann auf einem neuen, kürzeren Weg in den Rhein zu fließen.

Wir können diesen Durchbruch auf einem schönen Wanderweg durchqueren, etliche Infotafeln erläutern das hier Geschehene und wir entdecken bei genauer Suche auch römische Bergbauspuren. Da die Nette den Basalt wohl in der letzten Eiszeit so schön freigelegt hatte, machten sich einst die Römer hier an die Arbeit und bauten zumindest in sehr geringem Umfang Basalt ab, wenige Keiltaschenspaltungen deuten darauf hin.

Römische Abbauspuren am Nettedurchbruch

Vulkanparkzentrum an der Rauschermühle im Winter

Pflastersteine und Eisenbahnschotter

Auf der Traacht

Lange bevor Straßen und Plätze asphaltiert wurden, wurden sie gepflastert. In den Städten des Rheinlandes wurden die Pflastersteinstraßen in jüngerer Zeit oftmals einfach unter einer Asphaltdecke begraben – und kommen wieder zum Vorschein, wenn der Frost den Asphalt sprengt.

Basalt ist ein extrem langlebiger Straßenbelag, gepflasterte Straßen können jahrhundertelang halten. Beliebt sind sie nicht mehr, sie sind einfach zu unkomfortabel zu befahren und für die Anwohner zu laut. Schon die Römer befestigten ihre Straßen mit Basalt, verwendeten aber eher ganze Basaltsäulen und keine zurecht geschlagenen Pflastersteine, die Reise war sicherlich noch unbequemer.

Auch nachdem die Herstellung von Mühlsteinen längst eingestellt war, wurden im Mühlsteinrevier im Raum Mayen-Ettringen-Kottenheim bis ins 20. Jahrhundert hinein Werksteine, Pflastersteine und Schotter in Handarbeit hergestellt. In erster Linie wurden Werksteine hergestellt, Pflastersteine und Schotter waren eher ein Abfallprodukt aus dem nicht für Werksteine verwertbaren Material. Allerdings nahm die Herstellung von Pflastersteinen immer mehr zu, im Rheinland und vor allem im Ruhrgebiet wie auch in Holland war der Bedarf in den schnell wachsenden Großstädten groß. Die Herstellung von Schotter für den Straßen- und Eisenbahnbau wurde durch Brechwerke mechanisiert, aber Pflastersteine wurde bis zum Ende der Produktion in reiner Handarbeit hergestellt, nie gab es eine auch nur teilweise maschinelle Fertigung. An vielen Stellen wurden Pflastersteine geschlagen, auf der Traacht stand Pflastersteinschläger neben Pflastersteinschläger und schlug Pflasterstein um Pflasterstein zurecht. Die »Traacht« war ein Bereich neben der Grube, auf der die Steinhauer arbeiteten. Bis Ende des 19. Jahrhunderts wurden die gebrochenen Steine mit Göpelwerken und an schweren Ketten aus der Tiefe hinauf gezogen, zu Beginn des 20. Jahrhunderts kamen allmählich Elektrokräne zum Einsatz. Vom Kran führte ein Gleis durch die Traacht, auf Kipploren und Fahrlafetten wurde das Material angeliefert. Hinter dem Arbeitsplatz hatten die Steinhauer kleine Holzhütten, bei widrigem Wetter konnten sie dort drinnen Schutz suchen.

Pflastersteinschläger vor dem Ettringer Bellerberg

Mit der Grube zogen auch die Arbeitsplätze weiter, die Traacht wanderte und war immer möglichst nahe am Rande des Abbaus.

Der Beruf des Pflastersteinschlägers war nicht schlecht bezahlt, allerdings arbeiteten die Pflastersteinschläger im Akkord und wurden pro geschlagenem Stein bezahlt. Heute sind solche in Handarbeit hergestellten Pflastersteine unbezahlbar, wer solche Naturpflastersteine verlegen möchte, muss sie im Allgemeinen aus dem Ausland beziehen.

Nicht nur Pflastersteine wurden in Handarbeit hergestellt, auch Schotter wurde zurecht geklopft. Während die Tätigkeit vor allem des Layers und auch des Steinhauers eine hochqualifizierte Arbeit war, wurde der Schotter von Ungelernten geschlagen, meist waren es Alte, Kinder und Jugendliche. 1833 waren bereits 60 sogenannte »Kissklöpper« im Einsatz, Ende des 19. Jahrhunderts kamen gar 100 Gastarbeiten aus Italien hinzu. So saßen sie da und hämmerten den ganzen Tag lang den Abfall der Steinhauer zu kleinen, handlichen Bruchstücken. Aber auch große Schuttberge aus früheren Epochen wurden aufgearbeitet und zu Schotter zerklopft. Archäologisch war dies sehr interessant, kamen unter diesen oftmals jahrhundertealten Halden, den »Rötschen«, Abbaustellen von vor langer Zeit, auch römische Abbaustellen, zum Vorschein.

Als der Bedarf an Schotter für den Straßenbau und für Eisenbahngleise immer größer wurde und die Technik sich weiter entwickelte, entstanden in den Basalttagebauen Brechwerke, die die Arbeit der Schotterklopfer überflüssig machten und viel größere Schottermengen pro Zeiteinheit produzierten.

Vor der Zeit der Basaltbrechwerke wurde der Schotter noch in Handarbeit mit dem Hammer hergestellt.

Das 1908 errichtete Basaltbrechwerk der Mayen-Kottenheimer Steinwerke an der Bahnlinie Mayen-Andernach

Rechts: Alte Abraumhalden, die auch die römischen Abbaustellen verbargen, wurden nun zu wertvollen Rohstofflagerstätten und wurden aufbereitet

Wege zum Arbeitsplatz – Soppeträger

Die Arbeit in den Steinbrüchen währte lange und auch der Weg an den Arbeitsplatz war oft weit und mühsam. Durch die bis zu 50 Meter tiefen Schluchten, die die Tagebaue geschaffen hatten, waren oft große Umwege notwendig, die Schluchten mussten umgangen werden oder die Bergleute kletterten über Leitern runter und wieder hinauf, bis sie endlich an ihrem Arbeitsplatz angelangt waren.

Damit die Layer ihre Arbeitsplätze schneller erreichten, wurden über die Schluchten Stege errichtet, die nach heutigen Vorstellungen mehr als abenteuerlich wirken und die auch nicht den heutigen Sicherheitsvorstellungen entsprachen. Aber der Weg zum Arbeitsplatz war deutlich kürzer.

Damit die Layer bei Kräften blieben, sich aber nicht weit vom Arbeitsplatz entfernen mussten, brachten Frauen und Kinder mittags eine warme Mahlzeit in die Grubenfelder. Meist war es eine kräftige Suppe, weshalb die Kinder *Soppeträger* genannt wurden. Von 12 Uhr bis 13.30 Uhr war Mittagspause, gearbeitet wurde dann bis 19 Uhr.

Soppeträger: Im *Kachelche,* einem dreiteiligen Henkelmann, brachten die Kinder den auf der Lay arbeitenden Vätern das Mittagessen

Alter Bergbaukran auf der Ettringer Lay zur Blauen Stunde

Nachts im Mühlsteinrevier

Die tiefen Schluchten des Mühlsteinreviers haben etwas Magisches, Mysteriöses und Geheimnisvolles. Tief liegen sie in der Erde, steil und hoch reichen die Wände. Tagsüber schon scheinen die Wege in ein Labyrinth zu führen, aus dem es nur schwerlich wieder heraus zu finden ist. Wie erst ist es in der Nacht? Jegliche Orientierung kann verloren gehen, pechschwarz heben sich die sowieso schon dunklen Basaltwände empor. Aber dennoch ist eine nächtliche Exkursion ein Abenteuer. Schön ist es vor allem zur »Blauen Stunde« der Fotografen, wenn das letzte Licht des Tages verschwunden ist, der Himmel sich aber noch in dunkeln Blautönen zeigt. Oder bei Vollmond, wenn in Dunkel von oben der Mond hinein scheint und Säulen, alte Bergbaukräne und Menschen schemenhaft erscheinen lässt.

Blaue Stunde im Kottenheimer Winfeld

Handelswege und Basaltverladung in Andernach

Seit mindestens 5000 Jahren wird im Raum Mayen-Kottenheim Basalt abgebaut. Waren die Mengen anfangs doch eher bescheiden, so nahmen sie spätestens zur Zeit der Römer erheblich zu. Die Römer hatten bereits eine Rheinflotte in Arbeit gestellt, die die Steine zu ihren militärischen Befestigungsbauten transportierte.

In den Zeiten der römischen Herrschaft in der Eifel lag etwa im heutigen Zentrum von Mayen der römische *vicus*. Als *vicus* wird eine Ansiedlung bezeichnet, in der überwiegend Handwerker ansässig waren, ein *vicus* war kein Militärlager oder eine Garnision.

Zwischen dem römischen *vicus*, den Mühlsteinbrüchen im Mayener Grubenfeld, im Kottenheimer Winfeld, der Ettringer Lay und dem Andernacher Hafen gab es etliche Verbindungen durch römische Straßen. Mindestens vier römische Straßen führten vom Mayener *vicus* nach Norden. Eine führte von der Nette über Ettringen ins Brohltal, eine zweite ebenfalls ins Brohltal, aber über das heutige Obermendig. Ein dritter Weg passierte alle wichtigen römischen Mühlsteinbrüche und führte durch die Pellenz nach Andernach und war wohl der Hauptweg für die Mühlsteintransporte, diesen Weg nahmen Mühlsteintransporte bis ins 19. Jahrhundert.

Eine vierte Straße führte weiter östlich durch das Neuwieder Becken an den Rhein. Die Abbaugebiete im Mayener Lavastrom waren somit bestens erschlossen, etliche weitere Straßen konnten mehr oder weniger sicher rekonstruiert werden.

Einige Archäologen sind der Ansicht, dass in römischer Zeit auch der kleinste Wasserweg durch Wasserbaumaßnahmen schiffbar gemacht wurde. Auf ihren flachen Lastkähnen mit wenig Tiefgang konnten tonnenschwere Lasten – eben auch Mühlsteine - transportiert werden. Vermutlich sind auf dem kleinen Flüsschen Nette während der Römerzeit Basaltmühlsteine aus Mayen verschifft worden. Dieser Weg war nicht ganz einfach, denn durch die Stromschnellen der Nette an der Rauschermühle bei Plaidt war für solch einen Lastkahn kein Durchkommen.

Ob diese Stromschnellen durch einen Kanal umgangen wurden oder ob die Lasten hier abgeladen und per Karren weiter transportiert wurden, bis die Nette wieder schiffbar war, ist nicht bekannt. Fraglich ist auch, wie denn die sehr schweren Mühlsteine vom Lastkahn auf ein Fuhrwerk geladen wurden.

Der wichtigste Handelsplatz für die Basaltprodukte des Mühlsteinreviers war durch all die Jahrhunderte Andernach. Schon in der mittleren Latènezeit existierte in Andernach auf dem »Hügelchen« eine Siedlung, die ihre Existenz dem regen Handel mit Reibsteinen verdankte, die in den Mayener Gruben hergestellt und hier in Andernach verschifft wurden. Unterhalb des Andernacher Krahnenberges gab es damals eine Bucht, die wahrscheinlich als Naturhafen diente, in dem Schiffe sicher anlegen konnten. In römischer Zeit war Andernach ein wichtiger Umschlagort für die Vulkangesteine der Osteifel, aber dieser Anlegeplatz existierte schon Jahrhunderte zuvor.

Die Römer eroberten auch Niedergermanien, ein Land ohne Vorkommen an festen Gesteinen, sumpfige Waldgebiete standen auf Kiesablagerungen des Rheins und der nordischen Gletscher, daraus ließ sich kein sicheres Kastell bauen. Große Mengen an festen Bausteinen wurden benötigt und sie wurden zum großen Teil in der Osteifel abgebaut, vor allem der leicht zu gewinnende Tuff der Pellenz (Römerbergwerk Meurin) und des Brohltals wurde an den Rhein transportiert und über Andernach verschifft. Für den Abbau waren nachweislich auch römische Hilfstruppen aus Niedergermanien im Einsatz.

Der Andernacher Rheinhafen war bereits im ersten Jahrhundert eine wichtige Verladestation für Gesteine der Osteifel und blieb dies bis ins 20. Jahrhundert hinein. Ob hier ein durchgängig befestigter Hafen mit Kaimauer angelegt wurde, ist nicht gesichert. Die großen Frachtschiffe fuhren einfach aufs Ufer.

Seit Beginn unserer Zeitrechnung bis mindestens in das dritte Jahrhundert hinein wurden für den Transport Prähme – große Plattbodenschiffe, die mehrere 10er-Tonnen Last transportieren konnten – benutzt, die so konstruiert waren, dass sie auf Uferböschungen anlanden konnten. Die mit Gestein beladenen Transportkarren fuhren längs neben das Schiff ins Wasser und das Material wurde umgeladen. Eine Ufermauer diente wohl nicht als Kaimauer, sondern vielmehr als Befestigung des Stapelplatzes für Tuff- und Mühlsteine, damit dieser Platz beim Rheinhochwasser nicht hinweggespült werden konnte. Offensichtlich wurden auch damals schon Kraftmühlsteine verladen, 2004 wurde bei Bauarbeiten ein etwa 1,3 Tonnen schwerer nicht fertig gestellter Läufer vom Typ einer Pompejanischen Eselsmühle gefunden. Er ist heute im Lapidarium des Stadtmuseums ausgestellt.

In der Römerzeit wurde der Treidelpfad am gesamten linksrheinischen Ufer durchgängig angelegt. Handel mit Mühlsteinen war nun auch rheinaufwärts möglich, wobei der Archäologe Fritz Mangartz bezweifelt, dass es während der Römerzeit ins freie Germanien Handel mit Kraftmühlsteinen, also großen Mühlsteinen für Wassermühlen, gegeben habe. Jenseits des Limes war das technische Wissen dafür nicht vorhanden. Handel wurde in großer Zahl vor allem mit Handmühlsteinen betrieben, die vom Militär in großer Zahl benötigt wurden. Die Soldaten lebten in Zeltgemeinschaften (*contubernium*) von 8–10 Soldaten und jedes *contubernium* führte eine Handmühle mit sich, um den eigenen Mehlbedarf zu decken. Das Gewicht solch einer Handmühle betrug etwa 40 kg.

Mangartz geht davon aus, dass im 1. Jahrhundert n. Chr. in Mayen jährlich über 30.000 Handmühlen hergestellt wurden, der Bedarf für die römischen Legionen mit 50.000 oder gar 75.000 Soldaten zum Ende des Gallischen Krieges lag bei 6.000 bis 10.000 mitgeführten Handmühlen. Durch Berechnung des Volumens der abgebauten Basaltvorkommen und unter Berücksichtigung der Herstellungstechniken und des dadurch anfallenden Abfalls schätzt Mangartz, dass im Mayener Bergbaurevier über 17 Millionen Handmühlen gefertigt wurden.

Das Handelsgebiet für die Mayener Mühlsteine war beachtlich. Nachweislich wurden Handmühlen rheinaufwärts nach Mainz und Straßburg gehandelt. Bei Mainz-Kappelhof fanden Archäologen einen römischen Prähm mit einer Ladekapazität von 65 Tonnen, dieser Kahn hätte dementsprechend über 16.000 Handmühlen laden können. Ob er aber derart viele Mühlen transportierte, ist nicht bekannt. Größer war wohl das Handelsvolumen rheinabwärts, an der Nordseeküste wurden die Mühlen auf seetaugliche Schiffe umgeladen. Ins freie Germanien, Germania libera, wurden während der Römerzeit vom 1. bis zum 4. Jahrhundert n. Chr. Handmühlsteine ins Gebiet der Weser und der Unterelbe geliefert. In Britannien wurden Eifeler Handmühlen wohl nicht gehandelt.

1561 wurde am Rheinufer in Andernach der Alte Krahnen, ein Hauskran-Drehkran fertiggestellt. Er ersetzte einen spätmittelalterlichen Schwimmkran und war erheblich leistungsfähiger als dieser. 350 Jahre lang war der Alte Krahnen im Einsatz und verlud vor allem Weinfässer und Mühlsteine sowie Tuffsteine aus dem Vulkangebiet der Osteifel. Damals war er eine der größten Verladeanlage an Deutschlands Binnengewässern und blieb noch bis 1911 im Einsatz. Auch heute noch ist seine Mechanik intakt.

Über Jahrhunderte wurden seit der Römerzeit die Basaltprodukte von den Schörjern vom Kottenheimer Winfeld nach Andernach transportiert, der Weg wird auch heute noch als *Schurschweg* bezeichnet. Der Weg war in schlechtem Zustand, deshalb wurde 1851 eine Aktiengesellschaft zum Ausbau dieser Straße gegründet. In Kottenheim wurde ein Schlagbaum errichtet, an dieser Nahtstelle, an der die Transportwege aus dem Kottenheimer, dem Ettringer und dem Mayener Grubenfeld zusammen führten, musste von den Fuhrwerkern eine Straßennutzungsgebühr entrichtet werden. 15 Pfennig für ein leeres Fuhrwerk, 30 Pfennig für ein beladenes Fuhrwerk betrug die Durchlassgebühr. 1896 wurde der Schlagbaum wieder entfernt, mittlerweile hatte sich der Transport des Basaltes auf die 1880 fertiggestellte Eisenbahnstrecke verlagert.

1912 erreichte die Produktion von Basaltsteinen ihren Höhepunkt. 443.942 Tonnen wurden gefördert und befördert. 1922 waren es noch 383093 Tonnen. Bis zu 200 Eisenbahnwaggons täglich transportierten dieses Material an den Rhein.

1959 setzte sich Heinrich Montebauer zur Ruhe. Er war der letzte mit dem Pferdefuhrwerk tätige Schörjer im Kottenheimer Grubenfeld, im Mayener Grubenfeld war dies Hein Müller. Mit diesen beiden ging eine Ära zu Ende, die wohl seit den Anfängen der Basaltgewinnung bestanden haben dürfte.

Schörjer auf dem Weg von Kottenheim nach Andernach

Der Andernacher Krahnen

Ein faszinierendes Bauwerk steht in Andernach am Rheinufer, der historische Krahnen. Erbaut wurde er in den Jahren 1554–1559/61 und ist heute noch funktionstüchtig, wenn auch nicht mehr in Betrieb. In diesem gemauerten Krangebäude befinden sich zwei gewaltige Laufräder von rund vier Metern Durchmesser, in denen kräftige Männer, die sogenannten *Krahngänger*, wie in Hamsterrädern liefen und diese Räder so durch Muskelkraft in Bewegung setzen. Die Räder drehten sich und wickelten ein Seil, später eine Kette auf, an der ein Mühlstein hing. So konnte ein mehr als eine Tonne schwerer Mühlstein in die Höhe gehoben werden. Diese ganze Mechanik hing wiederum an einer Achse, die durch ein mächtiges Hebelwerk gedreht werden konnte. Auch hier mussten starke Männer anpacken, um die gesamte Krankonstruktion zu drehen. In den Fußboden des Krans sind Trittsteine eingelassen, gegen die sich die Krahngänger stemmen konnten, um nicht abzurutschen. Die einen zogen den Mühlstein nach oben, die anderen drehten den Kran so, dass der Mühlstein über dem Lastkahn schwebte, so wurde er verladen.

Dieses Bauwerk war für das ganze Mühlsteinrevier von enormer Bedeutung, denn Handel konnte nur getrieben werden, wenn die Ware auch auf Schiffe verladen werden konnte, was bei Basaltmühlsteinen nicht einfach war. Ohne den Andernacher Krahnen wäre ein Handel in diesem Umfang nicht möglich gewesen und der Abbau im Mühlsteinrevier hätte niemals diese Dimension angenommen.

Aber nicht nur Mühlsteine wurden in Andernach verladen, im Herbst wurde überwiegend Wein verschifft, im Frühjahr wurden vor allem Mühlsteine verladen.

Ob es schon in früheren Zeiten, etwa in römischer Zeit, einen Verladekran gegeben hat, ist unbekannt. Allerdings gibt es im Andernacher Stadtmuseum einen 1,3 t schweren Läuferstein einer Eselsmühle, der irgendwie verladen worden war, dieser Fakt könnte auf einen damaligen Verladekran deuten. Sicher ist jedoch, dass es 1405/06 am Andernacher Rheinufer einen Schwimmkran für die Verladung gab, der allerdings nur bei geeigneten Wasserständen genutzt und im Winter durch Eisgang beschädigt werden konnte (damals fror der Rhein noch richtig zu und mächtige Eisschollen bildeten sich.)

Alter Krahnen, Stahlstich 1798. Gezeichnet von L. Janscha, gestochen von F. Ziegler. Plattengröße 34 × 46 cm, Blattgröße 44 × 54 cm. Gesamtansicht vom belebten Rheinufer aus »Schmitt, Rhein-Beschreibungen 114, 31.« – Aus der Sammlung »Collection de cinquante Vues du Rhin«.

Alter Krahnen mit Mühlsteinlager und Uferbahn um 1910

Alter Krahnen im Januar 2022

Laufräder im Alten Krahnen

Andernach
27 Sep 1833

Mayener Hohl

Mitten in Andernach gibt es ein langgestrecktes, wie in einem Graben liegendes Naturschutzgebiet – die Mayener Hohl. Ein schmaler Weg führt hindurch, an beiden Seiten geht es steil nach oben, die Vegetation wuchert wild, in jedem Fall ist die Mayener Hohl einen Spaziergang wert.

Wer diesen Spaziergang macht, sollte sich bewusst sein, dass er hier auf einem uralten Transportweg wandert. Eine der ältesten Wegführungen Andernachs war ein Teil der Verbindung vom Rheinufer in die Pellenz, sie führte durch das Krufter Bachtal weiter nach Niedermendig, Thür, Kottenheim und Mayen, dann nach Kaisersesch und durch die Wittlicher Senke in Richtung Trier. Kai Seebert vom Andernacher Stadtmuseum vermutet, dass die Nutzung des Verkehrsweges Mayener Hohl so alt sei wie die Besiedlung des Andernacher Raumes selbst. Wir wandern hier auf einem Weg, auf dem einst die Römer, aber auch schon früher in der Latènezeit 300 Jahre v. Chr. die Menschen Güter transportierten.

Skizze der Mayener Hohl in Andernach von James Pattison Cockburn aus dem Jahre 1833

Mit der Eisenbahn durchs Bergbaugebiet

Mühlsteinverladung am Bahnhof Kottenheim

Ein Textauszug aus dem Aufsatz »Die Basaltlava-Industrie bei Mayen (Rheinland) in vorrömischer und römischer Zeit« von Peter Hörter aus Mayen – in: Mannus, Zeitschrift für Vorgeschichte, 1914.

»Fährt man von Andernach a.Rh. mit der Eifelbahn nach Mayen, eine Strecke von etwa 20 km, so kommt man auf stark der Hälfte der Strecke an den Ort Niedermendig in das eigentliche Gebiet der Basaltlava-Industrie. Dort am Bahnhof stehen viele Werksteine zum Verladen bereit. Dasselbe Bild wiederholt sich am Bahnhof Kottenheim, der letzten Station vor Mayen. Von hier führt uns der Zug durch den Kottenheimer Wald an vielen und großen, heute mit starken Bäumen bewachsenen Schutthalden vorbei. Hier, wo die Lava stellenweise heute noch zutage tritt, wurde schon in vorrömischer und römischer Zeit die Lava gebrochen und zu Reib- und Mahlsteinen verarbeitet. Aber auch bis zum Ostbahnhof Mayen, wo dies auch der Fall war, finden sich dieselben Zeugen uralter Werktätigkeit.

Gleich nachdem der Zug den Kottenheimer Bahnhof verlassen hat, hören wir von rechts her den hellen Klang von hunderten Hämmern der Steinarbeiter, welche die Basaltlavasteine bearbeiten. Die Steinbrüche reichen hier bis an den Bahndamm heran.

Altersgraue Göpelwerke aus knorrigen Eichenstämmen zusammengezimmert und moderne elektrische Kranen fördern das Gestein zutage und geben tausenden von Arbeitern lohnende Beschäftigung. Im Norden und Nordosten strecken die Krater des Hochsimmers und der Bellerberge ihre zerrissenen schwarzbraunen Gipfel in die Luft. Die noch deutlich erkennbaren Krater ergossen ihre Lavaströme nach Mayen und dem Kottenheimer Wald zu. Die Laacherseegruppe, wozu beide Berge zählen, ist das jüngste Vulkangebiet der Süd- und Hocheifel. Ihre Tätigkeit begann im Tertiär und endigte mit dem Beginn des Alluviums. Dass der Mensch schon Zeuge ihrer Tätigkeit war, beweisen die Funde unter unberührten vulkanischen Sandschichte bei Metternich und am Martinsberg in Andernach. Waren diese Ausbrüche den damals lebenden Menschen ein Schrecken, so sind diese ihren Nachkommen schon bald zum Segen geworden. Ist es richtig, wie hervorragende Fachgelehrte (Prof. Schumacher, Lehner, Reinecke, u.a.) annehmen, daß die Pfahlbauzeit zu den ältesten Perioden der jüngeren Steinzeit zu rechnen sei, dann hat der Mensch schon bald erkannt, wie vorzüglich das für ihn leicht zu gewinnende Material sich zum Zerreiben des Getreides eignete. Denn beim Aufdecken des Erdwerks aus der Pfahlbauzeit bei Mayen im Jahre 1907–1909 seitens des Bonner Provinzialmuseums und des Mayener Altertumsvereins wurde in den dort gefundenen Wohngruben und im Umfassungsgraben ganze und auch Bruchstücke von bearbeiteten länglich-flachen Reibsteinen mit deutlichen Gebrauchsspuren aus Basaltlava gefunden. In dieser frühen Zeit scheinen diese, wenn auch vereinzelt, schon von hier aus verhandelt worden zu sein … Aber den besten Beweis für die frühe Ausführung von hier ist mir, daß nach einer Mitteilung und Zeichnung von Rademacher in Wahn bei Köln in einer Wohngrube mit Pfahlbaukeramik ein stark abgenutzter Reibstein aus Basaltlava gefunden wurde …«

Nieder-mendiger Brauereien

Unter Niedermendig, überwiegend im Bereich der Brauerstraße und der Laacher-See-Straße, fraß sich der untertägige Basaltabbau immer weiter voran. Weitere Bereiche waren abgebaut und die Mühlsteinhöhlen lagen verlassen da, bestenfalls waren sie mit dem Schutt des Mühlsteinabbaus angefüllt. In der ersten Hälfte des 19. Jahrhunderts begannen Brauereien, diese gewaltigen Keller zu nutzen. Die Kühlmaschine hatte der deutsche Ingenieur Carl von Linde schon 1876 entwickelt und in diesem Jahr das erste Model an die Dreher-Brauerei in Triest verkauft. Serienreif waren seine Kühlmaschinen deshalb aber noch lange nicht. Und so gab es im Rheinland im Sommer kein genießbares Bier. Während die Bayern ein lagerfähiges Bier brauten, wurde das rheinische Bier in der Wärme des Sommers schnell sauer, das zog Umsatzeinbußen für die Brauereien nach sich. Im Rheinland waren die Temperaturen einfach nicht niedrig genug, um ein Bier wie die Bayern zu brauen, die am Rande der Alpen ausreichend Eiskeller zur Verfügung hatten.

Das änderte sich, als der Braumeister Josef Gieser der Herrnhuter Brüdergemeine aus Neuwied zu Besuch nach Mendig kam und dort die großen Lavakeller kennen lernte. Dort wäre es doch wohl das ganze Jahr über kühl genug, um ein anständiges Bier zu brauen. Vom nahegelegenen Laacher See wurden im Winter gewaltige Eismassen heran geschafft, die sich in den tiefen Lagerkellern bis in den Herbst hinein hielten. Gieser eröffnete 1842 die erste Brauerei in Mendig. Innerhalb weniger Jahre siedelten sich 28 Brauereien in Niedermendig an und brauten dort ihr Bier, Mendig war nun eine Zeit lang die Stadt mit den meisten Brauereien Deutschlands. Aber Carl von Linde verkaufte seine Kühlmaschine nicht nur nach Triest, 1877 erhielt auch die Spatenbrauerei in München eine Kühlanlage. Ende des 19. Jahrhunderts wurde die Eismaschine erfunden, Eis musste nun nicht mehr aus dem Laacher See geholt, sondern es konnte über Tage hergestellt werden und so verschwanden die Brauereien wieder aus Mendig. 1911 ging auch die Brauerei der Herrnhuter wieder nach Neuwied zurück.

Die erste Mendiger Brauerei des Herrnhuter Braumeisters Josef Gieser

An etlichen Stellen in den Lavakellern finden sich noch die Relikte damaliger Gäranlagen

Die Herrnhuter als Braumeister in Niedermendig

Die Entdeckung der Lavakeller als Bierkeller

Blicken wir in der Geschichte weit zurück, können wir fast behaupten, die Mendiger Brauereigeschichte habe einen religiösen Ursprung – sie begann eigentlich im Jahre 1457 in Böhmen. In diesem Jahr gründete sich eine evangelische Kirche im katholischen Böhmen, die Böhmische Brüder-Unität. Die Böhmischen Brüder lebten fast 200 Jahre lang als Minderheit in Böhmen, bis die Gemeinschaft im Dreißigjährigen Krieg zerschlagen und die Brüder verfolgt wurden. Später tauchte eine Gruppe von ihnen in der sächsischen Oberlausitz auf und gründete dort im Jahre 1722 den Ort Herrnhut, nachdem der junge Reichsgraf Nikolaus Ludwig von Zinzendorf, ein Lutheraner, ihnen Land zur Ansiedlung angeboten hatte.

Glaubensflüchtlinge aus den unterschiedlichsten Regionen und den verschiedensten Glaubensrichtungen stießen zu ihnen, aus diesem zusammengewürfelten Haufen entstand die Herrnhuter Brüdergemeine, aus der sich relativ schnell eine sich in alle Welt ausdehnende Kirche entwickelte. 1750 kamen die ersten Mitglieder der Brüdergemeine auf Einladung des Grafen Johann Friedrich Alexander zu Wied in die 1653 gegründete Stadt Neuwied, wo sie ab dem Jahre 1793 auch eine Brauerei betrieben. Aber das Bierbrauen und die Lagerung des Bieres waren in dieser Region schwierig, es gab keine Räume, in denen die richtigen, kühlen Temperaturen herrschten. Nicht nur in Neuwied, auch in Fahr, Heddesdorf und Plaidt erwiesen sich ihre Keller als wenig geeignet. Als aber den Herrnhuter Braumeistern berichtet wurde, es gäbe unter dem Ort Niedermendig gewaltige Felsenkeller, dreißig Meter unter der Erde gelegen und nahezu drei Quadratkilometer groß, besichtigten sie diese Keller umgehend und waren begeistert. Zunächst wurden die Keller als kühle Lagerräume für das fertig gebraute Bier benutzt, jedoch waren der Zeitaufwand und die hohen Kosten für den Transport zwischen Neuwied und Niedermendig zu hoch. Zudem waren warme Sommernächte, in denen das Bier transportiert wurde, gar nicht gut für das Bier, es verlor auf dem Weg nach Neuwied an Qualität.

Josef Gieser, Braumeister und Leiter der Herrnhuter Brauerei in Neuwied, ließ deshalb in den Lavakellern von Niedermendig ein Sudhaus errichten und so konnten die Herrnhuter nun das ganze Jahr über Bier brauen und nicht nur in den kühlen Wintermonaten. Im Jahre 1842 gelang es den Herrnhutern, ein geeignetes Grundstück längerfristig zu pachten, durch das auch noch ein Bach mit frischem Wasser floss. Der Pachtvertrag sah vor, dass an dem Brauwasser liefernden Bach kein Betrieb angesiedelt werden dürfe, der das Wasser verschmutzen könne. Der Kontrakt wurde geschlossen und 1850 verlängert. Der Bierausstoß der Niedermendiger Brauerei nahm erheblich zu. Während die Herrnhuter in ihrem Neuwieder Gartenkeller lediglich 50 Ohm Bier aufbewahrten , können wir den Büchern von 1844 entnehmen, dass in Niedermendig in diesen Jahren 900 – 1800 Ohm Bier gelagert wurden. Die alte Maßeinheit Ohm war regional unterschiedlich, ein Ohm dürfte in Mendig etwa 140 Liter betragen haben.

In den 1850er Jahren nahm die Steinbruchtätigkeit unter Niedermendig kontinuierlich ab, aber immer noch wurden dort unten Kraftmühlsteine hergestellt. Wer sich die gewaltigen Basaltsäulen in den Lavakellern und die ausgestellten Mühlsteine anschaut und erfährt, dass all dies in Handarbeit mit Hammer und Meißel hergestellt wurde, kann sich vorstellen, dass es eine schwere Arbeit war, die auch ordentlich Durst machte. Konflikte zwischen Bergleuten und Bierbrauern waren vorprogrammiert, denn während die einen hart arbeiteten, lagerten die anderen nur um ein paar Ecken entfernt herrlich erfrischendes Bier. Die Bergleute stahlen sich das Bier. Um das zu verhindern, ließen die Brauer der Brüdergemeine zwei dicke Mauern aus Abraumsteinen der Basaltproduktion errichten, den Bergleuten wurde so der Zugang zu den Bierlagern verwehrt. Diebesmauern wurden diese Mauern genannt, in vielen Bereichen der Niedermendiger Lavakeller sind sie zu finden – so auch im Bereich des heutigen Lavakellers des Museums Lava-Dome. Das Gebäude in der Brauerstraße 5, in dem sich heute die Kaue des Besucherbergwerks befindet, ist das Gebäude der einstigen Herrnhuter Brauerei, unten im Lavakeller sehen die Besucher das erste Sudhaus in Mendig. Gewaltige Mauern aus unregelmäßigen Bruchsteinen trennenden Bereich der einstigen Herrnhuter Brauerei von den außerhalb liegenden Arealen.

Weite Bereiche des Niedermendiger Mühlsteinbasaltes war nun abgebaut, aber durch das aufkommende Brauereiwesen gewannen diese Felsenkeller plötzlich als kühle Lagerräume und Gärkeller an Bedeutung.

1861 ließen die Herrnhuter einen Brunnen im Felsenkeller in die Tiefe treiben, der im Lavakeller ebenfalls besichtigt werden kann. 1862 endlich waren sie auf brauchbares Wasser gestoßen. 1863 traf man in Neuwied die Entscheidung, die gesamte Brauerei nach Niedermendig zu verlegen. Alles, was zu einer Brauerei gehöre, sei so beieinander und Transportkosten würden vermieden.

Und nun wurde unter Niedermendig Bier gebraut. Während des ganzen Jahres lagen die Temperaturen hier bei etwa 6–8 °C, was ideal war für die Herstellung eines untergärigen Bieres. Die Herrnhuter verlegten ihre Brauerei komplett nach Niedermendig, im Laufe der Zeit kamen 27 weitere Brauereien hinzu. Platz war genug in den gewaltigen Felsenkellern, so dass Bierbrauer und Bergleute nebeneinander arbeiten konnten – durch Diebesmauern getrennt.

Mendig wurde in dieser Zeit zu Deutschlands Brauereihauptstadt, 28 Brauereien waren in keiner anderen Stadt Deutschlands ansässig. Das Brauereigewerbe blühte bis 1876 – da erfand Carl von Linde die Kühlmaschine. Nun gab es für die Brauereien keinen Grund mehr, ihr Bier in Mendig zu brauen, sie zogen wieder ab und brauten ihr Bier dort, wo es auch getrunken wurde.

1911 stellte auch die Herrnhuter Brauerei in Niedermendig den Braubetrieb ein. Das gesamte Grundstück wurde an die Firma Franz Xaver Michels , Rheinische Basaltlava Werke in Andernach verkauft. Der Kaufpreis betrug 69.000 Mark. Hiermit endet die Geschichte dieser Brauerei. Die Firma Michels verlegte ihre gesamte Verwaltung von Andernach nach Niedermendig. Die sehr gut erhaltenen und kaum veränderten Gebäude können wir heute noch besichtigen. Im Hof Michels in der Niedermendiger Brauerstraße ist heute das Institut F.X.Michels der Deutschen Vulkanologischen Gesellschaft untergebracht, hier findet sich der Zugang zum Lavakeller des Vulkanmuseums Lava-Dome.

Über- und untertägige Brauereianlagen sind zugänglich oder können auf einer Führung des Vulkanmuseums Lava-Dome besichtigt werden.

Sudhaus der Brauerei
der Brüdergemeine im
Lavakeller

Die einstige Wölker-Brauerei in Mendig

Mehrere Zehnermeter unter der Erde liegt am Laacher See ein Biermuseum der ganz besonderen Art

1986 stand die letzte Mendiger Brauerei vor dem Aus, die Wölker-Brauerei stellte am 03.12.1986 den Betrieb ein. Mendig, einst Deutschlands Brauerei-Hauptstadt, stand ohne Brauerei da. Versuche zunächst durch die Wicküler-Brauerei und schon unter dem Namen Vulkan-Brauerei durch Peter Weber, diese Brauerei wiederzubeleben, war nicht von besonderem Erfolg gekrönt. Welch ein Glück, dass Malte und Hannes Tack, deren Familie die Rhodius Mineralbrunnen gehören, ihre Chance sahen und die Brauerei im Jahre 2011 kauften, modernisierten und zu neuem Glanz führten. Heute ist die in Vulkan-Brauerei umbenannte Wölker-Brauerei ein Anziehungspunkt weit über die Region hinaus und hat aufgrund ihrer phantasievollen Bierspezialitäten auch keine Konkurrenz vom Brauriesen Bitburger zu fürchten. Aber nicht nur oberirdisch wurde die Tradition gewahrt, auch die unterirdischen Brauereikeller wurden zu einem eindrucksvollen Geologie-, Bergbau- und Brauereigeschichtsmuseum ausgebaut.

Imposant ist die Tour in die Lavakeller. 153 Stufen führt die recht steile Treppe hinunter (nicht barrierefrei) in eine Welt wie vor unserer Zeit. Wir wandern dort durch das alte Abbaugebiet, in dem jahrhundertelang Basaltmühlsteine hergestellt wurden und stehen staunend in den gewaltigen Hallen. Unfassbar erscheint es uns, wenn wir bedenken, dass diese Hallen komplett in Handarbeit mit Hammer und Meißel hergestellt wurden.

Es sind tatsächliche Originalschauplätze, Originalwerkzeuge liegen herum, kaum etwas wurde verändert. Sogenannte »Diebeswände« zeugen vom Konflikt der schwer arbeitenden Layer und des erfrischenden Bieres in den Hallen nebenan. Irgendwann geht es um die Ecke, durch eine Pforte in solch einer Diebeswand gelangen wir in die alten Brauereianlagen der Wölker-Brauerei. Alte Gär- und Lagertanks füllen die Säle, ein Lost-Place der feinsten Kategorie.

So ändern sich die Zeiten, aus Wölker wird Vulkan, die alten Flaschen sind heute begehrte Sammlungsobjekte und wie das Design der Bierflaschen aktuell aussieht, das schauen Sie sich am besten bei einem Ausflug nach Mendig selber an.

Über- und untertägige Brauereianlagen sind zugänglich oder können bei einem Brauhausbesuch oder auf einer Führung der Vulkanbrauerei besichtigt werden.

Im Brauereigeschichtsmuseum

wölker bier
12
200 hl
200hl

Schaaf-Brauerei

Heute ist eine der interessantesten historischen Brauereianlagen in Mendig die Schaaf-Brauerei. 1812 wurde das Unternehmen gegründet, heute noch existieren die alten Betriebsgebäude südlich der Brauerstraße auf Stürmerich. Die historischen Gebäude werden von der Möbelpolsterei Wilhelm Hanstein genutzt, deren Inhaber Sven Wilmes die Gebäude weiter erhalten und sanieren will. In den Innenräumen der alten Brauerei sehen wir das historische Dachgestühl, metallene Wendeltreppen, wie sie auch im Lavakeller 30 Meter unter den Gebäuden zu finden sind, alte Steigleitungen für das Bier, historische Hebeanlagen für Lasten ... es könnte ein Braueremuseum sein.

Interessant sind zudem die umfangreichen Untertageanlagen dieser Brauerei, eben auch eine verrostete Wendeltreppe, die sich in einem Schacht nach oben schraubt, Abstellplätze für Gärkessel, alte Fässer liegen herum, es finden sich Gitter, Tore und natürlich die gemauerten Diebeswände. Ein umfangreicher Einblick in die ehemaligen Anlagen, die solch eine Brauerei im Untergrund besaß.

Weder über- noch untertägige Brauereianlagen sind zugänglich oder zu besichtigen.

Historischer Dachstuhl der Schaaf-Brauerei

Gotha

Auf dem Speicher findet sich noch diese Maschine, mit der Lasten wie Hopfensäcke nach oben transportiert wurden

Eiserne Wendeltreppe in den historischen Gebäuden der Schaafbrauerei – eine gleichartige Wendeltreppe findet sich, wenn auch in weniger gutem Zustand, in den untertägigen Anlagen

Wendeltreppe in den Lavakellern der Schaafbrauerei in einen Schacht hinein gebaut, rechts eine Diebeswand bis hinauf zum Geglöcks

Eingang zu den Untertageanlagen der Schaaf-Brauerei – gut gegen Bierdiebe gesichert

Untertageanlagen
der Schaaf-Brauerei

Alte Bierfässer in den
Untertageanlagen
der Schaaf-Brauerei

Backhaus-Brauerei

Gegenüber der Museumsley neben dem großen Parkplatz steht ein einsames weißes Gebäude, die ehemalige Backhaus-Brauerei. Untertage lassen sich noch umfangreiche Anlagen dieser Brauerei erkennen, da sind etliche Podeste für Gärkessel und eine eiserne Treppe führt nach oben ... wenn der ehemalige Eingang auch längst verschlossen ist.

Weder über- noch untertägige Brauereianlagen sind zugänglich oder zu besichtigen.

Basaltstein vor der ehemaligen Backhaus-Brauerei

Untertageanlagen der Backhaus-Brauerei

Laupus-Brauerei

Ruine der Laupus-Brauerei

Nicht alle Brauereien in Niedermendig besaßen große Anwesen, die heute noch erhalten sind. Von der Brauerstraße kaum sichtbar, insbesondere nicht in der Zeit, in der die Bäume Blätter haben, steht auf dem Grundstück Brauerstraße 14 eine Ruine, einst ein Gebäude der Laupus-Brauerei.

Die C.Laupus-Brauerei in Niedermendig wurde 1899/1900 von der Aktiengesellschaft Klosterbräu vorm. Dieckmann & Reiter erworben, die dann 1901 in AG Kloster- & C. Laupus-Brauerei AG umbenannt wurde.

Sammlungsstück aus dem Mendiger Biermuseum

Untertageanlagen der Brauerei Schultheis, Weißenthurm

Schultheis, Weißenthurm

Direkt neben der Museumsley liegt in der Brauerstraße 24 das Haus Titus. Es sind die alten Gebäude, in denen einst die Schultheis-Brauerei aus Weißenthurm ansässig war – heute beherbergen die Gebäude die Firma des Kunstrestaurators Stefan Retterath. Auch von dieser Brauerei sind noch Untertageanlagen erhalten, mitten im Lavakeller stehen die Reste eines Gebäudes, ringsherum die für die Brauereigelände typischen Podeste, auf denen einst die Gärkessel standen. Gewaltige Diebesmauern trennen das Gelände vom übrigen Steinbruchgebiet.

Weder über- noch untertägige Brauereianlagen sind zugänglich oder zu besichtigen.

Hansa-Brauerei

Die Hansa-Brauerei war zeitweilig die größte Brauerei Mendigs und lag am nördlichen Ortsausgang. Die Gebäude der Brauerei sind abgerissen … bis auf ein Gebäude des einstigen Biergartens. Bei wem der Name des heutigen Hansa-Hotels Assoziation zur Brauerei erweckt, der wird darin bestätigt, wenn er vor dem Eingang des Hotels steht.

Hansa-Brauerei

Niedermendig

grösste und technisch auf der Höhe stehende Brauerei-Anlage am Platze, mit einer Jahresproduktionsfähigkeit von ca. 100,000 Hectolitern, empfiehlt ihre sehr bekömmlichen, wohlschmeckenden, aus bestem Malz und Hopfen gebrauten

hellen und dunkeln

Export-Biere.

Solide Wirte finden grösstes Entgegenkommen und Unterstützung. Für rentable Wirtschaften haben wir stets Käufer und Pächter. Vertreter ev. auch gegen feste Bezüge, sowie gute Wirtschaften und Niederlagen an allen Plätzen gesucht. Briefe und Anfragen sind zu richten an die Hansabrauerei zu Niedermendig.

☞ ***Während der Festtage in unserem Brauerei-Ausschanklokale — direkt an der Strasse nach Maria-Laach gelegen — Ausschank von unserem anerkannt guten, hellen Exportbier, sowie:***

ff. Bockbier das ½ Liter zu 15 Pfg.

HANSA BRAUEREI
Auf Euer Wohl mit „Hansa-Bräu“.
anno 1904

Bierkeller von Börsch & Hahn in Niedermendig.

Brauerei Börsch & Hahn

Gegründet wurde die Brauerei Börsch & Hahn 1857 in Mülheim bei Köln, das damals noch eigenständig und kein Kölner Stadtteil war. 1875 übernahm man die Niedermendiger Brauerei Richard von Brewer, die dort bereits 1856 gegründet wurde und hatte somit eine Niederlassung in der Brauerstadt Mendig. 1887 umbenannt in *Mülheim-Niedermendiger Aktien Brauerei und Mälzerei*, vorm.Börsch & Hahn. 1899 schloss auch diese Brauerei als eine der letzten Kölner Brauereien in Niedermendig ihre dortige Niederlassung. Mittlerweile hatte sich die Kühlmaschine Carl von Lindes durchgesetzt und dem Mendiger Brauereiwesen das Ende bereitet.

Börsch & Hahn besaßen eigene Felsenkeller in Niedermendig, Gebäude und Keller wurden 1905 an die Adlerbrauerei verkauft, auch die Kundschaft überließ die Kölner Brauerei der Adler-Brauerei.

Die alten Gebäude der Brauerei Börsch & Hahn sind heute noch erhalten und befinden sich im Besitz des Restaurators Stefan Retterath, der dieses alte Anwesen sorgfältig pflegt und seinen ehemaligen Charakter erhält.

MÜLHEIM-NIEDERMENDIGER
ACTIEN-BRAUEREI und MÄLZEREI vormals BÖRSCH & HAHN
MÜLHEIM A. RH. NIEDERMENDIG

Niedermendig, den 6. Novbr. 1896

Rechnung für Herrn Ant. Weins Carden

Sandten Ihnen auf Ihre Ordre für Ihre Rechnung u. Gefahr pr. Bahn

10 Fass Lagerbier.

Nummer.	Liter.		Summa Hectol.	Summa Liter.	pro Hectoliter	pr. Comptant. Reichsmark	Pf.
4165	33		3	36	16	53	76
6198	34						
1821	35						
2838	34						
6651	34						
1280	18						
1297	36						
4341	38						
9967	35						
4497	39						

Für Manco bei Ankunft des Bieres ist der Transportant haftpflichtig und kann hierfür unsererseits kein Schadenersatz geleistet werden. Geldsendungen und Briefe erbitten wir franco. Wechsel auf Nebenplätze ohne alle Verbindlichkeit, Berechnung der Incasso-Spesen vorbehalten.

Die leeren Fässer nehmen wir nur dann zurück, wenn solche innerhalb vier Wochen nach der Ablieferung franco und unbeschädigt retournirt werden, andernfalls ist zu vergüten: für ein 2 Hektoliter-Fass 25 Mark, für ein 1½ Hektoliter-Fass 18 Mark, für 1 Hektol. 14 Mark, für ¾ Hektol. 12 Mark, für ½ Hektol. 11 Mark, für ¼ Hektol. 6 Mark.

Oben links: Bierkeller der Brauerei Börsch & Hahn in Niedermendig
Links: Historische Rechnung

Brauerei Börsch + Hahn Niedermendig – wohl Eröffnungsfeierlichkeiten

Historische Gebäude
Börsch + Hahn heute

Historische Stallungen
der Brauereipferde von
Börsch + Hahn heute

Adler-Brauerei

Eine Brauerei aus der Kölner Innenstadt, 1838 in der Thürmchengasse 19 gegründet, wurde 1859 von Carl Pütz übernommen und in »Brauerei Carl Pütz« umbenannt. Die Brauerei vergrößerte sich stetig, 1868 gab es bereits einen Zweigbetrieb in Niedermendig.

Kreuzer-Brauerei

Auf der eingezäunten Brachfläche Brauerstraße 3 zwischen Sportplatz und dem Anwesen Michels, der einstigen Herrnhuter-Brauerei stand auch zu Anfang des 20. Jahrhunderts noch eine Brauerei, die Kreuzer-Brauerei. Es ist wenig über ihr katastrophales Verschwinden bekannt, in den amtlichen Akten oder im Stadtarchiv findet sich nichts Konkretes, mehrere Dokumente widersprechen sich. Allerdings berichtet die Rhein-Zeitung im März 1907 von einem großen Tagesbruch in Mendig auf der Brauerstraße 3, bei dem die damals dort ansässige Kreuzer-Brauerei aus Holland in die Tiefe gestürzt sei. Das unterhöhlte Gelände konnte die Last nicht mehr tragen und die gesamte Brauerei versank in der Tiefe. Aussagen Mendiger Einwohner bestätigen das.

Übersichtskarte der Brauereien nach Heinz Lempertz

1. Brüdergemeine Neuwied (Herrnhuter)
2. Josef Gieser
3. Clasen
4. Pütz
5. Backhaus
6. Carl Bubser; später Nette-Brauerei
7. Schultheis, Neuwied
8. Laupus
9. Heinrich Schumacher
10. Schaaf
11. Bonner Aktien-Brauerei
12. Kreuzer
13. Carl Ackermann
14. Schmitt-Pillart
15. Resonet
16. Ritzle
17. von der Stein
18. Börsch & Hahn
19. Resonet; später Wölker; heute: Vulkan-Brauerei
20. Hansa

Laacher-See-Straße
Brauerstraße
Ernst-Abbe-Straße
Laachgraben
Aktienweg
Zur Laacherlay
Hansastraße
Vulkanstraße
Lavastraße
Lange Kaul
Backeleyen
Backeleyenstraße
Jan-Schlicker-Straße
Auf Weinsert
Evangelische Kirche
Auf Stürmerich
Heidenstockstraße
Pellenzstraße
Ohligsborn
Oelmühle
Im Limborn
Frankenstraße
Brewerspfad
Schaefersporte
Brunnenpfad
Brunnenstraße
Wollstraße
St. Cyriakus
Schulstraße
Im Stich
Bachstraße
Saunsstraße
Niederstraße
Bahnstraße
Poststraße
St.-Barbarastraße
Im Weingarten
Uhlandstraße
Schillerstraße
Goethestraße
Lessingstraße
Jahnstraße
Brentanostraße
Carl-Zeiss-Straße
Eichendorffstraße
Staffelsweg
Mühlenstraße
Blumenstraße
Hospitalstraße
Thürer Straße
Hans-Böckler-Straße
Bergstraße
Am Teich
Auf Schruf
Heinrich-Heine-Straße
Gambrinusstraße
Goldstraße
Am Bahnhof
Mendig
Im Bond
Dammstraße
Wiesenweg
Lerchenweg
Im Vogelsang
Industriestraße
B 262
1
2
3
4
5
6
7
8
9
10
11
12
14
15
16
17
18
19
20

Alte Bierflaschen in den Lavakellern

Früher, als die Lavakeller noch offen waren und unten noch kein Höhlentourismus herrschte – weshalb sie irgendwann mit Gittern verschlossen wurden – waren dort auch Sammler und Heimatforscher unterwegs. Bierflaschen waren ihre begehrten Sammelobjekte. Dort, wo einst Bier gelagert wurde, lagen alte Flaschen der einstmals ansässigen Brauereien herum. Meist waren es schöne Flaschen mit Prägungen auf dem Glas, versehen mit einem Verschluss aus Porzellan. Sowohl auf den Porzellanverschlüssen als auch auf den Flaschen waren die Namen der Brauereien zu lesen. Heute findet man sie dort unten in den Kellern nicht mehr, aber in so mancher Sammlung befinden sich schöne Exemplare. Eine große Auswahl steht natürlich auch in den Vitrinen des Brauereimuseums von Heinz Lempertz in der Brauerstraße.

Alte Bierflaschen in den Lavakellern an der Brauerstrasse

Das Bier- und Steinmetz-Museum auf der Brauerstraße

Ein außergewöhnliches Privatmuseum hat Heinz Lempertz auf der Mendiger Brauerstraße geschaffen. Jahrzehntelang hat er alles gesammelt, was mit dem Basaltabbau unter Mendig und dem Mendiger Brauereiwesen zu tun hat. In seinem Albertinum direkt gegenüber des Lava-Domes sind diese Schätze ausgestellt. Original-Werkzeuge der Hauer, die er aus den alten Lavakellern mit ans Tageslicht gebracht hat, sind dort zu sehen und anzufassen. Alte Grubenlampen hängen herum, wenn auch nicht nur aus dem Mendiger Basaltrevier. Vor allem aber hat er sich der Mendiger Brauereigeschichte gewidmet – einst war sie Deutschlands Brauerhauptstadt mit 28 Brauereien, das hat nie wieder eine Stadt in Deutschland erreicht. Heinz Lempertz hat alles gesammelt, was mit dem Brauereiwesen zu tun hat und stellt es aus: alte Bierflaschen, nach denen sich die Sammler heute die Finger lecken, er hat sie irgendwo da unten in den Lavakellern gefunden. Biergläser und Krüge, die im Laufe der Jahrzehnte und Jahrhunderte von den Brauereien im Ausschank verwendet wurden. Alte Emaille-Schilder, aus jüngerer Zeit Leuchtreklamen längst nicht mehr existenter Brauereien. Alte Dokumente hängen gerahmt an der Wand, aus einer Zeit, als in Mendig noch die Bierkutscher vorfuhren.

Und was noch viel reizvoller ist: er kann es erzählen. Niemand kennt die Mendiger Brauereigeschichte so gut wie Heinz Lempertz und mit ihm auf einer Führung durch seine Sammlung ist wie eine Stunde in einem lebhaften Lexikon der Mendiger Braukunst. Und erzählen kann dieser Herr Lempertz.

Nur: sein Museum ist nicht öffentlich. Vereinbaren Sie einen Termin mit ihm, am besten mit einer Gruppe, dann können Sie mit ihm direkt noch eine Lavakeller-Exkursion machen und die Original-Schauplätze der Brauerei-Geschichte besuchen.

Telefon: 0171 3247875 | E-mail: heinz.lempertz@gmx.de

Biertrinken auf den Layen und der Blaue Montag

Legenden ranken sich um den »Blauen Montag« im Mühlsteinrevier, der gar nicht unbedingt an einem Montag stattfinden musste. Im Sommer war es in den Steinbrüchen schon mal viel zu heiß zum Arbeiten und die Bergleute beschlossen dann, einen »Blauen Montag« einzulegen. Wenn dies beschlossen war, wurde der Jüngste der Bergleute beauftragt, im Dorf die Bestellungen zu holen, es waren dies Bier und e Vierdel (auf der Lay unter den Arbeitern der Begriff für Wurst oder Fettiges). Am Ortsrand warteten dann schon die Rentner des Ortes und gaben ihm weitere Bestellungen mit, fragten ihn nach dem Ort des Treffens und dann wurde der Blaue Montag im Wald gefeiert *(berichtet von Willi Wissen in »Kottenheimer Geschichten«).*

Der Bierkonsum war in den Ortschaften nicht gerne gesehen. Viele Steinbrucharbeiter verdienten nur so viel, dass es schon schwierig war, mit der Familie über die Runden zu kommen. Zu den Tagen der vierzehntäglichen Lohnzahlungen bürgerte sich eine gewisse Feierlaune ein, die Arbeit war hart und die Arbeiter wollten sich schon gerne einmal richtig betrinken. Es gibt Überlieferungen, dass manche Familien in Existenznöte kamen, weil die Männer zu viel vom Lohn versoffen. Bei der Polizei gingen an solchen Tagen Anzeigen wegen Ruhestörung ein und Grubenbesitzer verbaten bei Androhung von Kündigung teilweise jeglichen Alkoholkonsum im Grubenbereich *(aus einem Bericht des Heimatforschers Franz G. Bell für das Eifeljahrbuch)*

Allein, geholfen hat es wenig. Das »Fäßchentrinken« war beliebt, die Brauereibesitzer wollten verständlicherweise nicht auf den Verkauf des Bieres verzichten und so ging zwischen Grubenbesitzern, Bergamt und Polizei die Diskussion hin und her, wie man das Saufen über- und untertage verhindern könne.

Anlagen.

Betr.: Inre Nr. B VI 3/53

Bestätige den Empfang Ihres Schreibens vom 15. cr. und teile Ihnen hierdurch mit, dass auf meinem Betrieb mit meiner Einwilligung kein Bier getrunken wird.
Wegen dieser Unsitte habe ich schon vor Jahr und Tag sämtliche Behörden und auch Sie um Schutz angerufen. Es ist aber nicht geschehen, auch von Ihnen nichts. Seinerzeit hatte ich den Vorschlag gemacht den Brauereien einfach zu verbieten Faßchen mit Bier an die Leute heraus zu geben, dann war ein für allemal dieses leidige Biertrinken erledigt. Aber auch darauf wurde mir erwidert, dass man das nicht machen könne, weil sonst die Brauereien geschädigt wären. Ich bekam auch von anderen behördlichen Stellen zur Antwort, dass man den Leuten auch wenigstens etwas Vergnügen und dabei wird auch das Fäßchentrinken gerechnet lassen müsse. In Niedermendig ist es eben schon seit Jahrhunderten Sitte, dass Bier getrunken wird und diese Sitte werfen auch Sie und ich nicht um. Ich habe mich genug wegen dieser Sache abgebalgt und werde Ihre Verfügung in das Zechenbuch eintragen und den Leuten bekannt geben, aber ich bin der festen Überzeugung, wenn ich wegen dieser Sache nochmals an die Behörde herantreten würde, dann wird diese mir bestimmt sagen, ob ich heute weiter keine Sorgen hätte, als den Leuten das Biertrinken, das ja sowieso kein Alkohol mehr hat, zu verbieten.

Oben: Aus dem Schreiben eines Brauereibesitzers an die örtliche Polizei am 19.03.1940
Unten: Brief Mendiger Mütter an einen Grubenbesitzer vom 22.09.1940

Abschrift

Niedermendig, den 22.9.1940.

Geehrter Herr

Wir Frauen wenden uns mal an Sie, es ist doch nicht mehr zu ertragen wie das bei Ihnen im Betrieb zu geht.
Montags-Dienstags-Mittwochs und Donnerstags wird gesoffen aber wie, unsere Jungen können sonst nichts mehr tun als Bier, Wurst und waß alles noch beibringen, waß soll aus den Jungen werden, sie sehn ja sonst nichts als saufen unordentlichkeit sie kommen wenn sie wollen und alles andere noch. Der Zöller und der Wyl, das sind die Schweine, die verseuchen die ganze Lei, wir denken doch das es noch andere Männer giebt die das besser machen können wie diese Kerle. Sie wären mal sehen das wird dann ganz anders wenn die zwei Kerle mal fort sind, der Zöller schreibt Bungen auf die Brauerei Wöler nicht allein für die Lei sonder auch noch für andere Leien im Monat noch mehr wie 200 Litter da verdient der auch noch drann. An Ihnen liegt es nun Herr Michels sorgt doch dafür das es anders wird und unsere Jungen brauchbare Menschen werden, wir bitten nun das Sie uns nicht verraten, wenn das nichts nutzt dann wenden wir uns an die Handwerkskammer wegen den Lehrverträg. Wenn Sie die beiden auch mant das nützt nichts die meinen ja die Lei wär ihnen und sagen lek uns am Asch, alles das hören wir von unsern Jungen.

Die Frauen und Mütter.

Eingang zu den Untertageanlagen der Schaaf-Brauerei – gesichert und für Bergleute nicht erreichbar, so konnten sie sich nicht am Bier bedienen

P230402
P230404

Untersuchungen des Landesamtes für Geologie und Bergbau Rheinland-Pfalz (LGB) in den Mendiger Lavakellern

handnehmenden Gebrauch von schneidenden Instrumenten bei Streitigkeiten entgegenzutreten. Außer moralischen Mitteln: Verbreitung guter Bücher, öffentliche Vorträge, dramatische Vorstellungen, will die Gesellschaft auch materielle Triebfedern in Bewegung setzen, wie goldene und silberne Medaillen, Prämien in Form von Geldeinlagen in Sparkassen u. s. w. Der Senator, Marchese Pes di Villamarina, ist Präsident, viele vornehme Bürger Turins sind Mitglieder der Gesellschaft. Eine Generalversammlung soll anberaumt werden, sobald die Gesellschaft 300 Mitglieder zählen wird.

Unfälle.

Eine Pulvermühle bei Rübeland im Harz ist am 21. August in die Luft gegangen. Es sind dadurch drei Arbeiter lebensgefährlich verletzt worden.

Zu Niedermendig bei Neuwied ist am 21. August ein großer Felsenkeller zusammengestürzt. Die über diesem Keller befindliche Brauerei wurde die ganze Höhe von 150 Fuß mit hinabgerissen sammt einem Quantum von 1500 Ohm Bier, von welchem wol nichts zu retten sein wird. Es wird dieser Einsturz mit den kurz vorher um den Laacher See verspürten Erdstößen in Verbindung gebracht.

In Schleusingen brach am 25. August nachts in der Kegelbahn einer Brauerei plötzlich die Decke ein und begrub viele anwesende Kegelgäste unter ihren Trümmern. Ein junger Landwehroffizier wurde todt hervorgezogen, 6 bis 8 andere Personen sind schwerer oder leichter verwundet.

Aus der Illustrierten Zeitung vom September 1871

Die Illustrierte Zeitung (Nr. 1470. vom 2. September 1871) berichtet in einem Artikel darüber, dass am 21.08.1871 ein Felsenkeller, der Pfütz´sche Keller eingestürzt sei und die Brauerei ca. 150 Fuß mit in die Tiefe gerissen habe Abbildung 14 (Archiv VGV, Mendig).

LGB-Bergamtsakte, Bergamt Koblenz, 1907 – schon in früherer Zeit wurden brechende Säulen dokumentiert

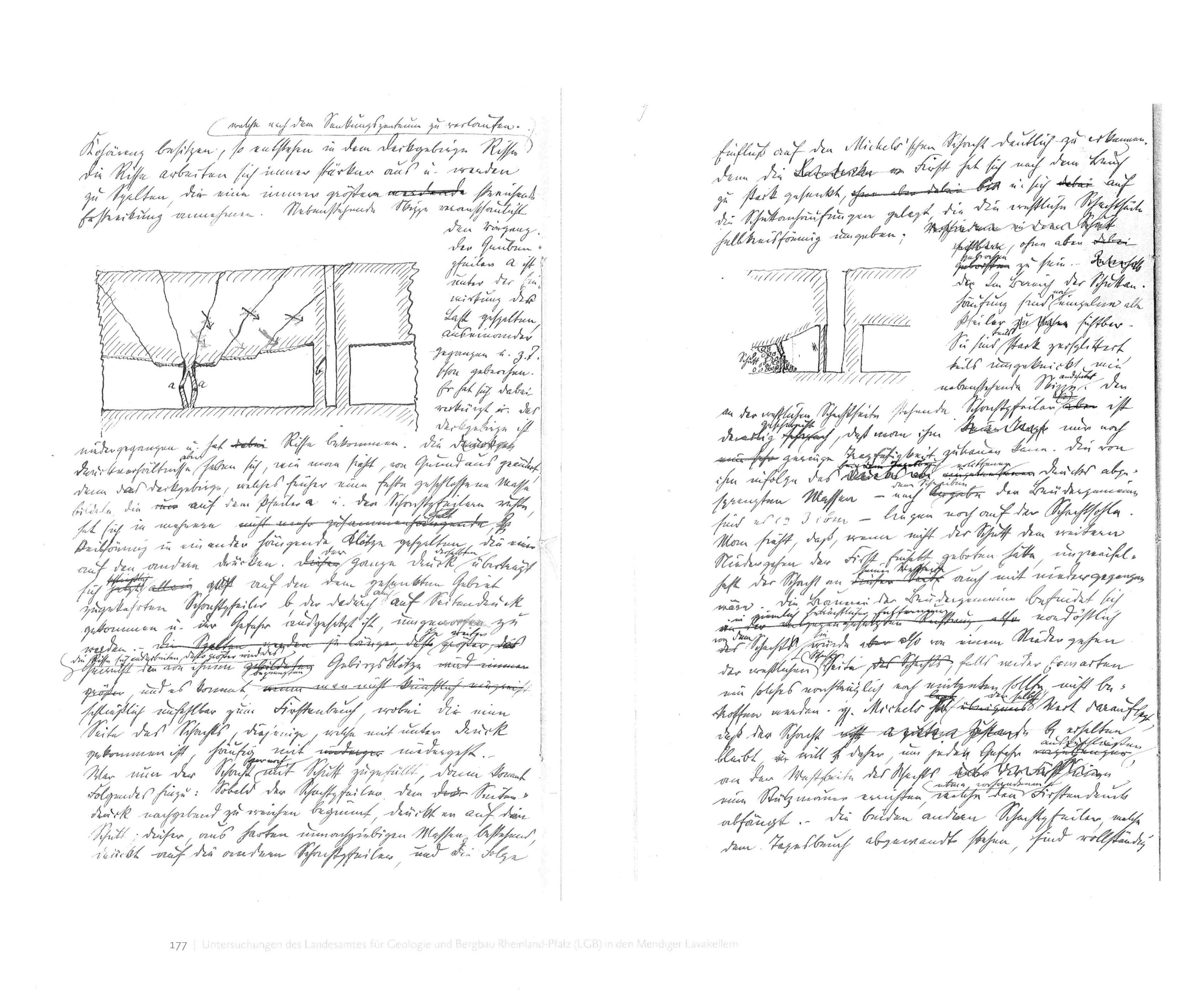

Es wurde ruhig um die Lavakeller, bis sich in einer Nacht im März 1988 auf dem Sportplatz neben der Brauerei die Erde öffnete, groß wie ein Wohnhaus war das Loch, das sich auch unter der Stehtribüne gebildet hatte. Das damalige Geologische Landesamt wurde eingeschaltet, es folgte die Erkundung der Hohlräume unter der Laacher-See-Straße und der Brauerstraße unter dem Aspekt der Verkehrssicherung.

Ein Tagesbruch ist ein Loch, das sich in der Erde auftut, wenn alte Bergbaustollen einstürzen und das Erdreich darüber nachsackt, so dass das Loch bis an die Erdoberfläche durchbricht. Im Ruhrgebiet können die Bewohner der Gebiete des alten Steinkohlebergbaus ein Lied davon singen. Am 1. November 2010 kam es zu einem gewaltigen Tagesbruch in Schmalkalden in Thüringen, der durch die gesamte deutsche Presse ging. Ohne jede Vorwarnung war ein riesiges Loch entstanden, Autos rutschten hinein, Häuser drohten abzusinken.

Den Niedermendigern wurde nun bewusst, dass auch unter ihrer Stadt gewaltige Hohlräume waren. Was würde geschehen, wenn die bis zu 15 Meter hohen Hallen unter der Stadt einbrechen würden? Durch ein Erdbeben? Oder durch die leichten, aber regelmäßigen Erschütterungen durch Sprengungen in den Basalttagebauen? Oder einfach nur, weil die stützenden Basaltsäulen unter dem Gewicht der Decke langsam nachgeben würden? Wo waren denn überhaupt diese

Tagesbruch 1988 auf dem Niedermendiger Sportplatz (LGB)

Hohlräume? Die Zugänge zu vielen waren verschüttet und nicht mehr zugänglich. Andere waren vielleicht vollkommen unbekannt, wer wusste schon, wo im 18. Jahrhundert irgendjemand hinter seinem Haus einen Schacht gegraben und dort unten Mühlsteine heraus geholt hatte?

Die Niedermendiger waren besorgt, die Presse griff das Problem auf, die Politiker wurden gefragt und sensibilisiert und beim heutigen Landesamt für Geologie und Bergbau in Mainz liefen die Telefone heiß.

Man schickte Dr. Michael Rogall nach Niedermendig, der sich dort schon seit 1995 mit der Unterwelt befasste. Er stellte fest, dass niemand wusste, wo unter Mendig Hohlräume waren und wo nicht. Alte Karten, in denen die historischen Bergwerke genau verzeichnet waren, gab es üblicherweise nicht. In den Zeiten, in denen diese Hohlräume entstanden, gab es noch gar keine Kartografie und wenn, dann war sie im Vergleich zur heutigen Kartografie alles andere als präzise. Damals grub sich jeder, der Geld mit Basalt verdienen wollte, auf seinem Grundstück in die Erde.

Die Preußische Uraufnahme, die älteste Kartierung der Rheinlande im Maßstab 1:25.000 zeigt auf dem Blatt für Mendig aus dem Jahre 1847 allerhand Mühlsteinbrüche über Tage. Die Unterwelt aber war nicht kartiert. Wie groß waren die unterirdische

Preußische Uraufnahme vom 1847

Basaltbergwerke? Standen sie in Verbindung oder handelte es sich um einzelne Parzellen? Wann waren sie geschaffen worden?

Vor allem aber drängte die Frage: in welchem Zustand waren sie? Gab es in Niedermendig gar Bereiche, die einsturzgefährdet waren? Wie wird so etwas untersucht? Erfahrungen der Geologen mit derartigen Basaltbergwerken waren nicht vorhanden, denn die Mendiger Lavakeller sind auf der Erde einzigartig.

Und so beauftragte Michael Rogall ein geologisches Ingenieurbüro damit, die Unterwelt erst einmal zu kartieren. Welche Ausdehnung die Lavakeller haben, das galt es zu bestimmen. In manchen Bereichen gab es Öffnungen in den heutigen Tagebauen, an etlichen Stellen fanden sich noch offene oder meist verschüttete Schächte, die Hinweise auf die Ausdehnung gaben. Weite Bereiche allerdings ließen sich so nicht untersuchen, manchmal gab es keine Zugänge mehr, manchmal waren Durchgänge eingestürzt. Es musste ein Areal definiert werden, in dem es potentiell unterirdische Hohlräume geben könnte und dann mussten die Lavakeller kartiert werden. Anhand alter Karten und Dokumente sowie bekannter Öffnungen in den Untergrund wurde ein etwa 3 km^2 großes Gebiet definiert, in dem es theoretisch Lavakeller geben könnte.

Diese Areal umfasste vor allem die Region um die Mendiger Brauerstraße bis hin zum Freibad, die Region um die Laacher-See-Straße bis hinter das Hotel Hansa und die nördlichen Bereiche von Niedermendig bis an die Pellenzstraße. Die Begehungen und Vermessungen der zugänglichen unterirdischen Lavakeller ergaben eine Ausdehnung von etwas mehr als einem Quadratkilometer. Die im-

Vermutete Ausdehnung der Mendiger Lavakeller (LGB)

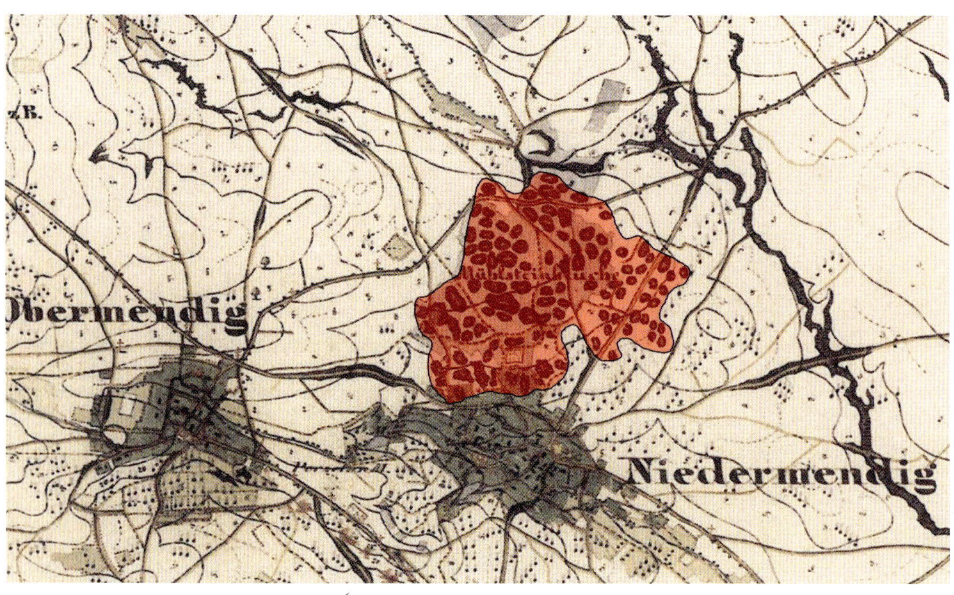

Vermutete und nachgewiesene Ausdehnung der Mendiger Lavakeller (LGB)

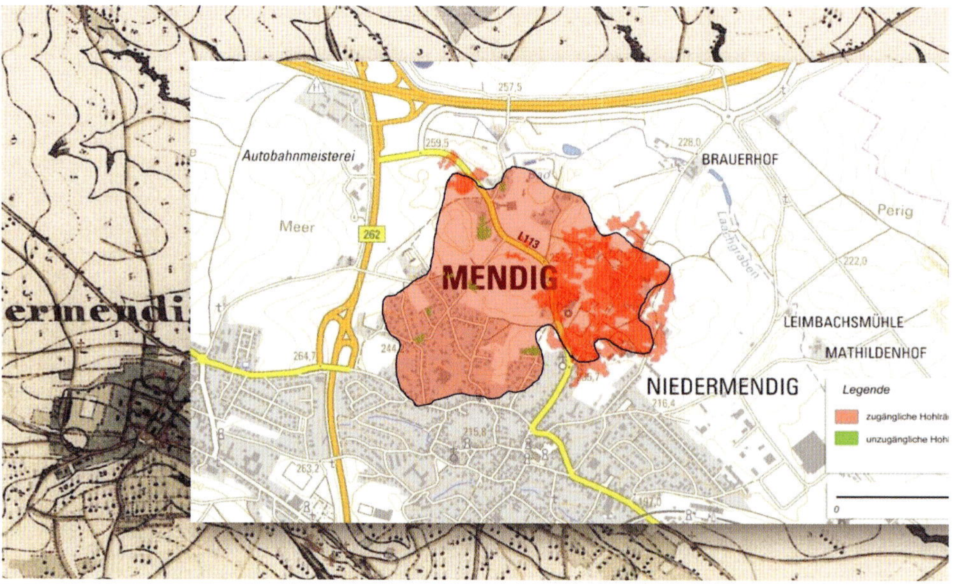

mer wieder gern genannte Zahl von drei Quadratkilometern ist touristisch imposant, aber deutlich zu groß.

Durch Bohrungen konnten auch heute unzugängliche Hohlräume nachgewiesen werden. Wird ein einstiger Basaltabbau unter Tage vermutet, so wird ein Loch gebohrt und eine Kamera hinab gelassen. 45 Bohrungen bis in etwa 36 Meter Tiefe wurden niedergebracht, durch 22 Bohrungen konnten insgesamt 8 Hohlräume nachgewiesen werden.

Die Vermessung dieser Hohlräume mit den klassischen Messmethoden der Landvermesser wäre eine gewaltige Aufgabe gewesen, zumal hier ein dreidimensionales Bild erzeugt werden musste, also wurde ein 3D-Laserscanner eingesetzt, der wunderbare Abbildungen der Mendiger Unterwelt lieferte.

Im Rahmen dieser Untersuchungen wurde jeder einzelne Pfeiler untersucht und markiert, an vielen Stellen wurden Messvorrichtungen angebracht, durch die auch kleinste Verschiebungen erkannt werden sollten. Herunter gefallene Basaltbrocken wurden markiert, um zu erkennen, wenn neue hinabfallen würden. So können Veränderungen, neue Risse und Senkungen beobachtet werden.

Auf den sogenannten Hohlraumkarten wurde zusätzlich alles eingezeichnet und bewertet, was an untertägigem Inventar vorhanden war. Basaltsäulen, Mauern, Schüttkegel aus Bims oder Müll, herabgefallene Blöcke aus dem Geglöcks …

Tatsächlich konnten die Geologen und Geotechniker so feststellen, dass Mendig im Großen und Ganzen sicher ist – aber es gibt auch Orte, an denen Maßnahmen ergriffen werden mussten. So

Nachgewiesene unterirdische Hohlräume in Niedermendig

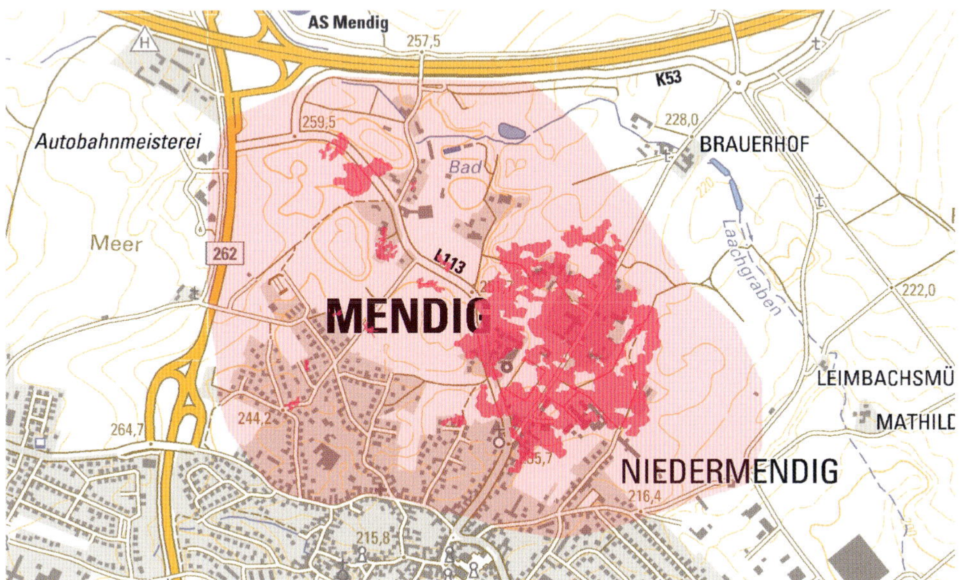

Visualisierte Vermessung eines Hohlraums mit einem 3D-Laserscanner (LGB)

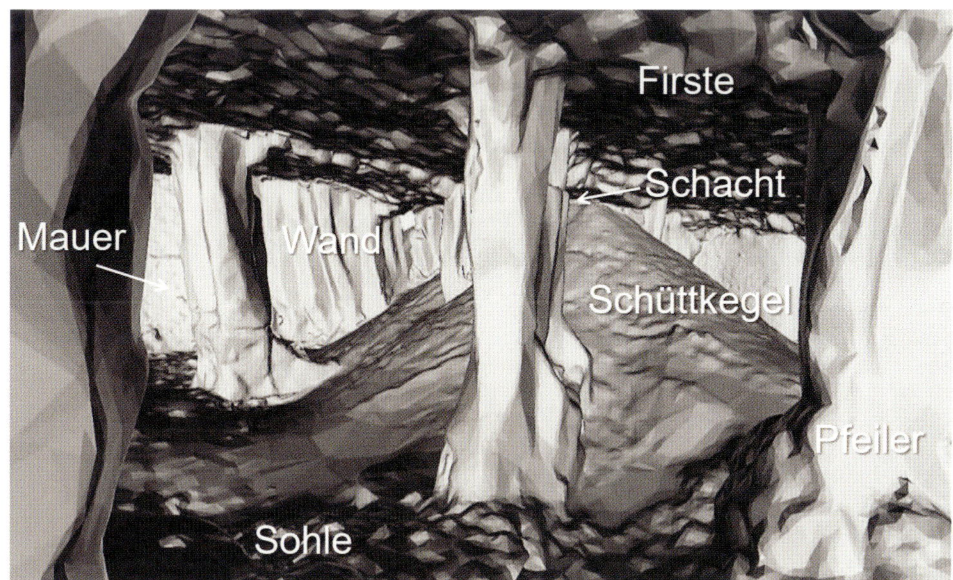

Gespaltene und gesicherte Säule (nicht nach dem heutigen Stand der Technik)

wurden 2017/2018 am nördlichen Ortsrand von Mendig Hohlräume unter einigen Wohnhäusern verfüllt, die Bewohner wurden während dieser Zeit aus Sicherheitsgründen ausquartiert. Es war ein großes Projekt, da der Hohlraum unzugänglich war und nicht erforscht werden konnte. Nur über Bohrlöcher wurde er erkundet und dann auch verfüllt. In einer gewaltigen logistischen Aktion rollten hunderte LKW mit Spezialzement an, der in den Hohlraum gepumpt wurde und die Wohnhäuser sicherte.

Ein kleines Stück nordöstlich davon in Richtung Hansa-Hotel wurde 2018 durch eine Spezialfirma ein neuer über 26 Meter tiefer Schacht mit 5 Metern Durchmesser abgeteuft, in dem einen Stahltreppe installiert und Werkzeug und Maschinen hinab gelassen werden konnten. Durch diesen Schacht wurde ein über 6000 qm großer bis dahin unzugänglicher Hohlraumbereich erschlossen und ins Überwachungskonzept eingebunden.

Die Laacher-See-Straße zwischen Hansa-Hotel und Vulkanbrauerei ist durch ein sogenanntes Geotextil gesichert, da sich unter der Straße Hohlräume befinden. Ein Geotextil ist ein extrem haltbares Gewebe, das wie eine Stoffbahn unter die neue Straße gelegt wurde.

Erläuterungen zur Hohlraumkarte

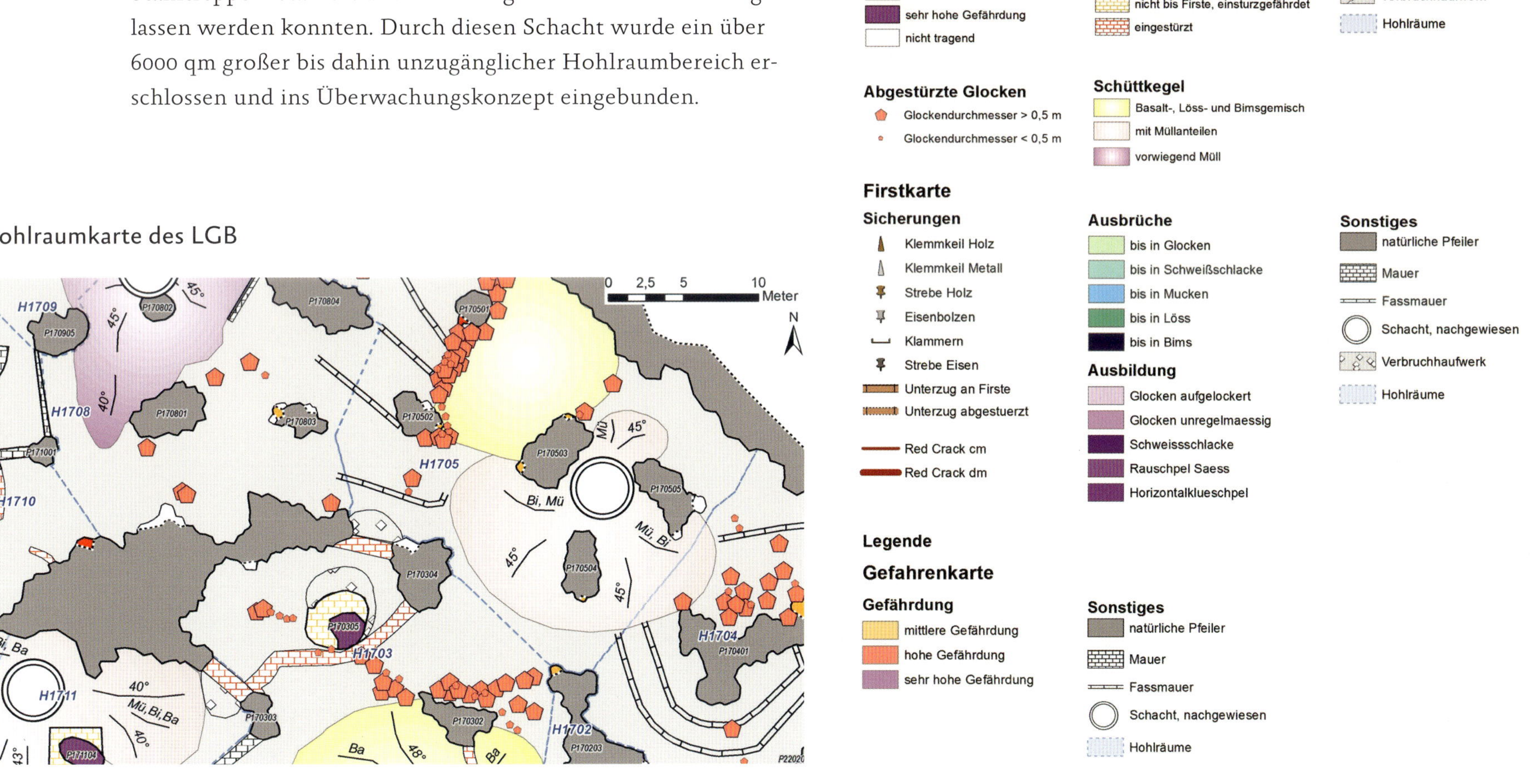

Hohlraumkarte des LGB

Im dunklen Reich der Fledermäuse

Basalt ist nicht nur ein Gestein für Mühlsteine und Straßenschotter, offensichtlich wird er gelegentlich auch sehr wichtig für Fauna und Flora und für den Naturschutz – nämlich nach seinem Abbau. Vereinfacht gesagt, gibt es in der Vulkaneifel drei Lava-Arten: Schlacken, Tuffe und Basalte. Basalt entsteht aus einer quarzarmen Lava, die meist genüsslich langsam aus einem Vulkan als Lavastrom ausfließt. Die basaltischen Lavaströme bedecken oft große Flächen, sie werden auch großflächig abgebaut und zurück bleibt eine graue Schluchtenlandschaft. Hierbei handelt es sich um eine Landschaftszerstörung größeren Ausmaßes. Landschaften werden verändert, markante Landmarken verschwinden, die Natur wird geschändet, Vulkane werden abgebaut, Lavaströme werden zerkleinert. Um an den wertvollen Stein zu gelangen, gruben sich die Menschen jahrhundertelang in die Tiefe und hämmerten tonnenschwere Mühlsteine aus dem Basalt, zurück blieben die gewaltigen Lavakeller von Mendig und Mayen mit Deckenhöhen von bis zu 15 Metern. Über Jahrzehnte lagerten die Brauereien in diesen stets etwa 8 °C kalten Kellern Bier. Ungefähr 1960 wurden in Mendig die letzten Basalte unterirdisch abgebaut, seitdem liegen die Keller leer. Während die Mayener Keller weitgehend dem jüngeren Basaltabbau im Tagebauverfahren zum Opfer gefallen sind, sind die Mendiger Keller zum Glück großteils erhalten.

Der Zoologe Dr. Andreas Kiefer und andere Mitglieder des rheinland-pfälzischen NABU sind schon lange in Eifel und Hunsrück unterwegs und suchen Fledermäuse in verlassenen Gebäuden und alten Bergbaustollen, derer es in diesen Regionen sehr viele gibt. Immer wieder hingen hier und da ein paar Fledermäuse, diese wurden bestimmt, notiert und beobachtet. Aber gewaltig waren die Stückzahlen nicht. Irgendwann meldete sich bei den NABU-Leuten Stefan Stein, ein junger Steinmetz aus Brachtendorf, der sie interessiert beobachtet hatte und so nebenbei meinte, wenn sie Fledermäuse suchen würden, sollten sie doch mal nach Mayen und

Der Mayener Bierkeller, auch hier mit Diebeswänden

Niedermendig gehen, dort wäre viele. Natürlich lächelten sie ein bisschen, große Stückzahlen sind ja immer relativ in der Sicht des Betrachters. Zumindest wollen sie sich das mal anschauen, fuhren dorthin, besuchten die noch intakten Bereiche der alten Mayener Bierkeller und trauten ihren Augen nicht. Dort hingen nicht viele Fledermäuse an der Decke, es waren Unmengen und es wollte kein Ende nehmen. Hunderte von Stollen hatten die NABU-Leute im Hunsrück und in der Eifel während des Winters durchsucht, aber hier zählten sie an einem Tag mehr Fledermäuse als während des gesamten Winters zuvor. Das größte Fledermausquartier von Rheinland-Pfalz und eines der wichtigsten in Europa war entdeckt. Heute weiß man, dass jeden Winter etwa 50.000 Fledermäuse hier ihren Winterschlaf verbringen. Andreas Kiefer, schon als Jugendlicher im Fledermausschutz engagiert, war aus dem Häuschen vor Begeisterung und in ihm wuchs die Erkenntnis, dass diese Überwinterungsplätze der Fledermäuse nicht dem Bergbau zum Opfer fallen durften. Auch die Stadt Mayen dachte damals noch an eine touristische Nutzung des Grubenfeldes – schließlich war es eine bizarre Landschaft aus Felsschluchten und alten Bergbaukränen. Und glücklicherweise kann diese Bergbaulandschaft noch heute in der »Erlebniswelt Grubenfeld«, der Ettringer Lay und dem Kottenheimer Winfeld besichtigt werden.

Mit einer Gruppe anderer Fledermausforscher der Universität Mainz fing Andreas Kiefer immer mehr Fledermäuse in großen Netzen, neue Fangtechniken wurden entwickelt und so konnten die Forscher immer mehr Arten und immer größere Stückzahlen nachweisen. In einer Nacht fingen sie über 100 Exemplare der seltenen Bechsteinfledermaus – eine Sensation. Natürlich wurde die Fledermäuse nach der Markierung wieder freigelassen. Mittlerweile sind 17 Fledermausarten nachgewiesen. Über 100.000 Fledermäuse überwintern jedes Jahr in den Lavakellern von Mayen und Niedermendig. Spannend war die Suche nach den Plätzen, an denen die Fledermäuse schlafen. Die Fledermausforscher zählten mit Fotofallen und anderen Messgeräten große Fledermausmengen, konnten diese aber in den Höhlen nicht wiederfinden. Wo bloß versteckten sich die Tiere? Wer sich im Schacht 700 oder in den Mendiger Lavakeller umschaut, sieht auf dem Boden große Mengen abgeschlagener Lavabrocken liegen, manchmal sind diese Reste der Mühlsteingewinnung meterhoch. Und tatsächlich, Fledermäuse hängen nicht nur unter der Decke, sie krabbeln auch sehr tief in diese Schuttmassen hinein und finden dort ein Winterquartier.

Dass diese Räume für die Fledermäuse weiterhin bestehen, war gar keine so einfache Angelegenheit, wirtschaftliche Interessen standen dem entgegen, aber Andreas Kiefer hatte es sich zum Ziel gesetzt, das Mayener Grubenfeld für die faszinierenden Fledermäuse zu retten. Untersuchungen zeigten, dass hier nicht nur rheinland-pfälzische Fledermäuse überwintern, sondern auch Fledermäuse aus Hessen, NRW und dem Norddeutschen Tiefland, ja sogar aus Luxemburg, Belgien und den Niederlanden kommen sie angeflogen, um hier zu überwintern. Wieso aber zieht es sie alle nach Mayen und Niedermendig? Die Grubenfelder liegen an der nördlichen Grenze der Mittelgebirge, im Tiefland gibt es nicht genug Überwinterungsquartiere, Höhlen sind in der Niederrheinischen Bucht keine vorhanden. Also wählen die Fledermäuse dieser Regionen das nahegelegenste Ziel, die gewaltigen Lavakeller südlich und südwestlich des Laacher Sees. Heute gilt das Mayener Grubenfeld als das wichtigste Überwinterungsquartier für Fledermäuse in Deutschland.

Welch ein Glück, dass hier Basalt abgebaut wurde. Sprachen wir vorhin noch von Landschaftszerstörung, muss man nun erkennen, dass die großen Steinbrüche wichtige Lebensräume für Tiere und Pflanzen darstellen, wenn sie erst einmal stillgelegt sind und offenbleiben. In keinem Fall dürfen dort Erd- oder gar Mülldeponien entstehen. Ein derartiges Drama konnte gerade erst am Wartgesberg bei Strohn in der Westeifel verhindert werden. Dort wird nun noch viele Jahre Schlacke und Basalt abgebaut werden, aber irgendwann werden auch die riesigen Steinbrüche des Wartgesberges zum Lebensraum vieler Tier- und Pflanzenarten werden. In den Steinbrüchen brüten heute Uhus, in Tümpel leben Nattern, Frösche und Kröten, an feuchten Stellen im Gestein kriechen Salamander umher. Viele Pflanzenarten siedeln sich dort an.

Heute sind die Stollen des Mayener Grubenfeldes für die Fledermäuse reserviert. Dass es so weit kommen konnte, ist dem unermüdlichen Einsatz der Fledermausforscher des NABU Rheinland-Pfalz zu verdanken. Ein millionenschweres Großprojekt wurde initiiert und im Frühjahr 2013 vollendet. Zunächst mussten die Stollen im Mayener Grubenfeld angekauft werden, nicht so einfach, denn ein Bergbauunternehmen hatte Abbaurechte und somit klare wirtschaftliche Interessen. Die Lavakeller waren und sind an vielen Stellen auch nur in bedingt gutem Zustand, an manchen Stellen gar einsturzgefährdet. So mussten Sicherungsmaßnahmen ergriffen werden. Das Bundesamt für Naturschutz, das Land Rheinland-Pfalz und der NABU-Landesverband Rheinland-Pfalz stellten letztlich über fünf Millionen Euro für dieses Projekt zur Verfügung. Die Basaltstollen konnten angekauft werden. Das Gewölbe, also die Decke aus den oberen Teilstücken der abgebauten Basaltsäulen musste einsturzsicher gefestigt werden, wozu spezielle Klebeverfahren verwendet wurden. Manche tragenden Säulen wurden mit Beton stabilisiert, in einem Keller wurde gar eine neue Stahlsäule aufgestellt. Sanierungsmaßnahmen sind auch in den Mendiger Lavakellern zu besichtigen.

Vier der insgesamt 16 Stollen auf dem NABU-Gelände wurden saniert – keine einfache Angelegenheit, da die Decken von oben nicht mit schwerem Baugerät befahren werden können. Drei verschüttete Schächte wurden bis in 12 Meter Tiefe aufgebaggert, dadurch wurden für die Fledermäuse neue Stollen geöffnet. Das Kerngebiet des Mayener Grubenfeldes wurde eingezäunt, die Stolleneingänge wurden vergittert. Die Fledermäuse haben so ihre Ruhe. Interessant ist ein Fledermauswanderweg im Mayener Grubenfeld, der am Eingang des Museums *Erlebniswelt Grubenfeld* in Mayen beginnt. In den Boden sind über 100 Betonfledermäuse eingelassen, die als Wegweiser dienen und an den vielen Fledermausinformationen vorbeiführen, auch am bereits erwähnten Schacht 700, in den wir hinabsteigen können, um einen Blick auf diese großartige Unterwelt zu werfen.

Der Naturschutz hat gleichzeitig auch diesen einzigartigen Kulturschatz gerettet, denn die Mayener Lavakeller wäre sonst durch den Tagebau zerstört worden. Diese Lavakeller, die in jahrhundertelanger Handarbeit von Bergleuten mit Hammer und Meißel geschaffen wurden, sind ein wertvolles Zeugnis der Geschichte des Lebens und der Arbeit der Menschen in der Vulkaneifel. Durch Jörn Kling, einen Diplom-Geographen aus Königswinter war auch die kulturgeographische Seite in diesem Projekt in Mayen und Mendig mehr als gut abgedeckt. Jeder Hohlraum und jede Bergbauhinterlassenschaft wurden in Mayen und Mendig von Jörn Kling und Andreas Kiefer kartiert. Der Erhalt der Stollen konnte nur durch eine einzigartige Zusammenarbeit von Naturschutz, Bergbau und Denkmalschutz – hier dem Geschichts- und Altertumverein in Mayen (GAV) und dem Kompetenzbereich »Vulkanologie, Archäologie und Technikgeschichte« am Römisch-Germanischen Zentralmuseum in Mainz (VAT) gelingen. Diese Zusammenarbeit geht bis heute weiter, da beide Kommunen gemeinsam anstreben, in die Liste des UNESCO Weltkulturerbes zu gelangen und dann auch die Mayener Fledermauskeller dem Welterbe zugeordnet werden.

Große Mausohren im Mayener Bierkeller

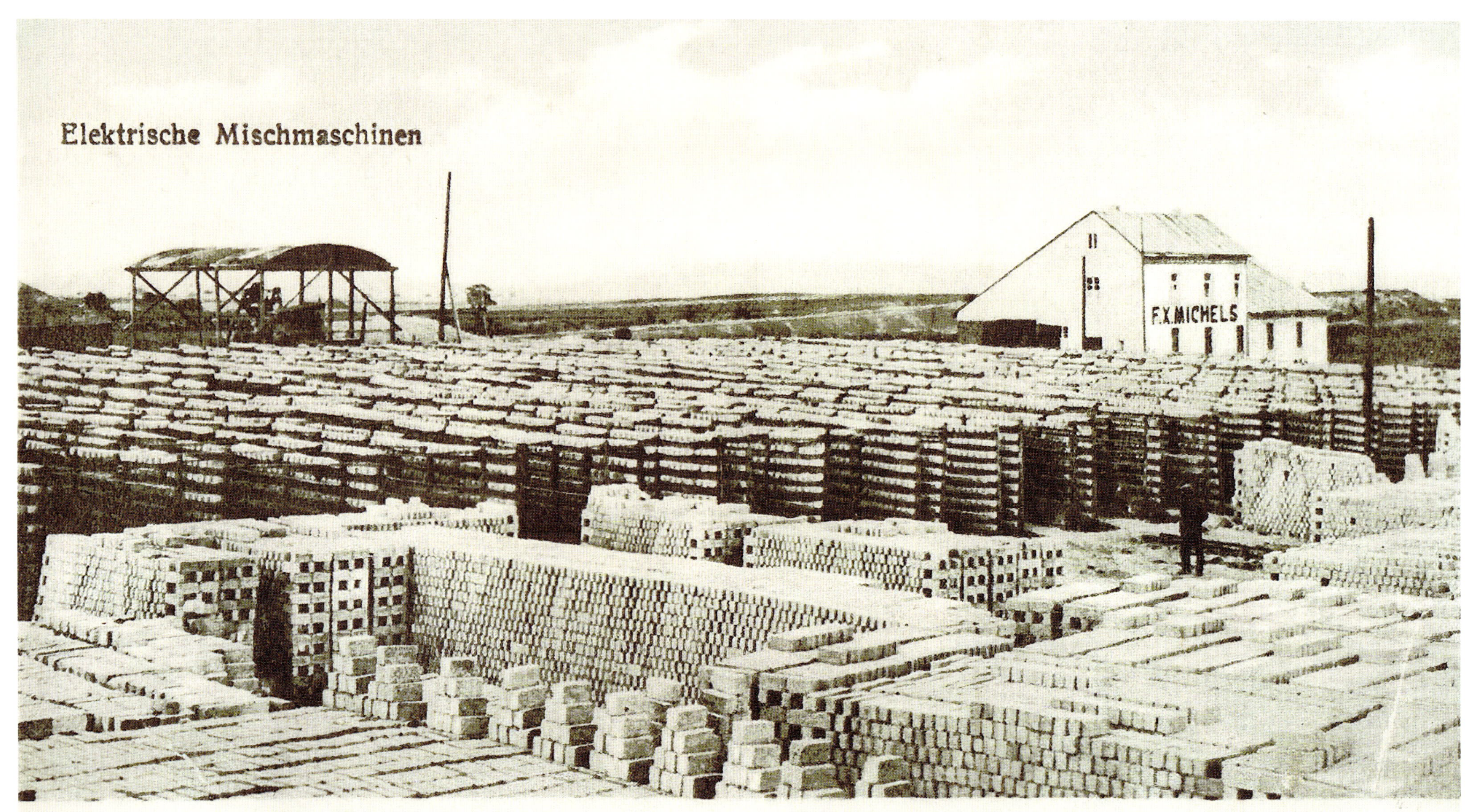
Elektrische Mischmaschinen
F.X. MICHELS
Der Rheinische Schwemmstein ist unerreicht für den Klein-Wohnungsbau.
Vorzüge: Dauernd trocken, nagelbar, schalldämpfend und billig. Ich liefere zu konkurrenzfähigen Preisen

Bims- und Trassabbau

Trass – als solcher bezeichnet wird die leichte und lockere Lava des Laacher-See-Vulkans, die die Region in bis zu 60 Metern Mächtigkeit bedeckt, heute aber vielfach abgebaut ist. Wichtigster Bestandteil des Trasses ist der Bims, eine beim Vulkanausbruch durch den hohen Gasgehalt aufgeschäumte Lava, die sogar auf dem Wasser schwimmt. Einst war es nutzloser Abraum, der den wertvollen Basalt bedeckte und durch den sich die Layer mühsam hindurch graben mussten.

Die Römer schon wussten, dass der Trass feingemahlen unter Zugabe vom Kalk und Wasser einen Mörtel bildet, der auch unter Wasser abhärtet. Dem von den Römern im Rheinland verwendeten *Opus cementitium* wurde Trass als Puzzolan beigefügt. Im Mittelalter war dieses Wissen verloren, erst in der Neuzeit wurde diese Technik wiederentdeckt und der Trass wurde ein wichtiges Baumaterial. Aus dem Rheinischen Schwemmstein wurden nach dem Zweiten Weltkrieg zahlreiche zerstörte Häuser wieder aufgebaut, das Material war in großen Mengen vorhanden, leicht zu gewinnen und schnell zu verarbeiten.

Trassabbau

Exkursionen

Wir erkunden das Eifeler Mühlsteinrevier

Burgruine Wernerseck auf einem Felssporn über dem Nettetal

1 Ins Unterdevon bei Burg Wernerseck

Die Burgruine Wernerseck bei Ochendung erreichen wir am besten über Plaidt. In Plaidt fahren wir in den Wankelburgsweg und parken unter der Autobahnbrücke. Zu Fuß geht es weiter, Burg Wernerseck ist ab hier ausgeschildert und in einer 30-minütigen Wanderung zu erreichen.

Am Wegrand vor der Burg passieren wir wunderbar ausgebildete devonische Schieferfelsen, auch die Burg steht auf massivem devonischen Gestein.

Die Bank auf dem Gipfel des Ettringer Bellerberges

Wegweiser am Mühlsteinwandeweg

2 Bellerberg-Vulkangruppe und Kottenheimer Winfeld auf dem Vulkanpfad

An der Hochsimmerhalle bei Ettringen startet der Traumpfad »Vulkanpfad«. Er führt über den Ettringer Bellerberg, bietet einen Abstecher in die Ettringer Lay an, führt über den Kottenheimer Büden und durch das Winfeld. Der Weg ist sehr gut ausgeschildert.

3 Der Mühlsteinwanderweg

In Mayen am Eingang zur »Erlebniswelt Grubenfeld« startet der Mühlsteinwanderweg, führt durch das Mayener Bergbaurevier, durch die Ettringer Lay, vorbei an Ettringer Bellerberg und Kottenheimer Büden, durch das Winfeld und endet in Mendig neben dem Vulkanbrauhaus. Allerdings, es ist eine Streckenwanderung, man muss irgendwie zurück nach Mayen und es ist auch ziemlich viel Stadt und Straße dabei, ganz Mendig muss durchquert werden.

Ettringer Lay

Steinbruch der Ahl

Die Ettringer Lay

Auf dem Weg von Ettringen nach Sankt Johann führt die Straße wie auf einem Viadukt durch die alten Steinbrüche der Ettringer Lay. Es gibt einen Wanderparkplatz, von hier gehen wir hinab und können die Lay auf einem Rundweg durchwandern. Wer eine längere Wanderung machen möchte, erreicht die Ettringer Lay auch vom Bellerberg aus.

Die Ahl

Die Steinbrüche der Ahl bei Sankt Johann gehören nicht zum Mühlsteinrevier, denn aus dem Hartbasalt des Hochsimmer-Lavastroms konnten keine Mühlsteine gewonnen werden. Dennoch sollten wir die Ahl in jedem Fall besuchen. Vor 400.000 Jahren floss vom Vulkan Hochsimmer ein 40 Meter mächtiger Lavastrom in Richtung Nettetal, der jahrzehntelang abgebaut wurde. Imposante Felswände und Schluchten sind heute Vulkanparkstation.

Wir erreichen die Ahl auf der Straße von Sankt Johan hinab nach Schloss Bürresheim, auf der linken Straßenseite kommt eine Grillhütte mit Wanderparkplatz, von hier starten wir die Tour ins Basaltabbaugebiet.

Der Hochsimmer

6 Der Hochsimmer

Der Lavastrom des Hochsimmers lieferte keinen Mühlsteinbasalt und deshalb gehört der Hochsimmer nur bedingt zum Mühlsteinrevier. Aber der bereits vorhandene Lavastrom des Hochsimmers bremste den Ettringer Lavastrom aus. Und wir sollten den Hochsimmer erklimmen, denn dort oben steht ein aus Basalt erbauter Aussichtsturm, der eine weitreichende Aussicht über die gesamte Region und das Mühlsteinrevier ermöglicht.

Der Hochstein

Mendiger Lavakeller

7 Der Hochstein

Auf dem Vulkanpfad »4-Berge-Tour« kommen wir auch über den Hochstein, sein Lavastrom zwingt bei Thür die Eisenbahn zu einem Umweg und in seinen Schweißschlacken wurden ebenfalls Mühlsteine abgebaut. An der Genovevahöhle sehen wir den Mühlsteinabbau und machen Pause. Ein Berg mit einem schönen Buchenwald.

8 Mendiger Lavakeller (Museum und Brauerei)

Die Lavakeller in Mayen und Mayen sind ein großes Thema in diesem Buch und natürlich wollen wir das nun auch ansehen. In Mayen gibt es keine nennenswerte Möglichkeit, in die Lavakeller hinabzusteigen, aber in Mendig gibt es wunderbare Museumskeller. Da ist einerseits der Lavakeller des Museums Lava-Dome, hier geht es unterhalb der ersten Brauerei Mendigs der Herrnhuter Brüdergemeine hinab in deren einstiger Bierkeller mit dem ersten Sudhaus Mendigs.

Auch die Vulkanbrauerei verfügt über einen gewaltigen Lavakeller, der besichtigt werden kann. Neben dem Basaltabbaugebiet finden wir dort unten auch noch die Brauereianlagen der früheren Wölker-Brauerei.

 https://vulkan-brauerei.de/ | https://www.lavadome.de/

Wingertsbergwand

Der Nastberg

 Wingertsberg und Wingertsbergwand

Den Wingertsberg gibt es nicht mehr, er ist komplett abgebaggert, besser würde man sagen das Wingertsloch. Dennoch lohnt es sich, diesen ehemaligen Berg zu besuchen, denn von der Fahrpiste aus gibt es an einigen Stellen gute Einblicke in den riesigen Steinbruch. Zu sehen sind die beiden Niedermendiger Lavaströme, in deren oberen die Mendiger Lavakeller liegen.

Gegenüber des Hansa-Hotels auf der Laacher-See-Straße am Ortseingang Mendig zweigt die Straße Laachgraben ab, hier schon ist die Wingertsbergwand ausgeschildert. Am Wingertsberg-Steinbruch vorbei erreichen wir die Wingertsbergwand, die in einmaliger Schönheit die Ablagerungen des Laacher-See-Vulkans zeigt: 20 Meter mächtige Schichten aus Bims und Asche, Ablagerungen pyroklastischer Ströme und Fallout – Bims, der vom Himmel regnete.

 Nastberg

Der Nastberg gehört auch nicht ins Mühlsteinrevier, bietet aber dennoch interessante und passende Beobachtungen. Immer wieder reden wir von Schlackenkegeln, aus denen Lavaströme ausflossen. Aber die Schlackenkegel rund um Mayen und Mendig sind entweder intakt, wir können nicht in ihr Inneres schauen, oder ihre Steinbrüche dürfen nicht betreten werden, da sie noch abgebaut werden. Der Nastberg bei Andernach, den wir auf dem Weg zum Andernacher Krahnen besuchen können, ist ein traumhaftes Beispiel für einen halb weggebaggerten Schlackenkegel, lehrbuchhaft sind seine inneren Schichten aufgeschlossen, der Vulkanismus wird auf zahlreichen Infotafeln erklärt.

Wir fahren zur Ortschaft Eich bei Andernach, der Nastberg ist ausgeschildert, es gibt einen Wanderparkplatz.

Müllberge in den Lavakellern

Unten im Dunkel liegt der Müll. Welch ein Glück, dass in den Lavakellern keine touristischen Spaziergänge stattfinden können. An manchen Stellen türmt sich der Müll, nicht unbedingt ein schöner, aber oftmals doch sehr spannender Anblick. Dort, wo nicht mehr abgebaut wurde, wurde der Müll hinein gekippt, aus den Augen, aus dem Sinn, das Wort Umweltschutz war seinerzeit noch gänzlich unbekannt. Bereits nach dem Zweiten Weltkrieg wurden die Keller als Müllkippe benutzt und auch noch in den Sechzigerjahren war es vollkommen normal, dass der Müll in den alten Schächten entsorgt wurde. Dies war allerdings kein speziell Mendiger Problem, in ganz Deutschland gab es Müllkippen, in denen alles entsorgt wurde, was nicht mehr gebraucht wurde. Ich selber bin als Kind mit meinem Vater gelegentlich zur Müllabgabe auf eine Mülldeponie in Köln-Merheim gefahren, dort wurde in einer Kiesgrube alles abgekippt, was denkbar war: Hausmüll, Batterien, Altöl, wer weiß, was sonst noch. Später wurde die Deponie abgedeckt, heute stehen darauf ein Straßenbahnwerk und Wohnhäuser.

In den Mendiger Felsenkellern allerdings liegt der Müll frei und bietet einen Blick in die Kulturgeschichte: Haushaltsgegenstände aus vielen Jahrzehnten sind zu finden, wahre Schätzchen aber sind längst von Sammlern abtransportiert worden.

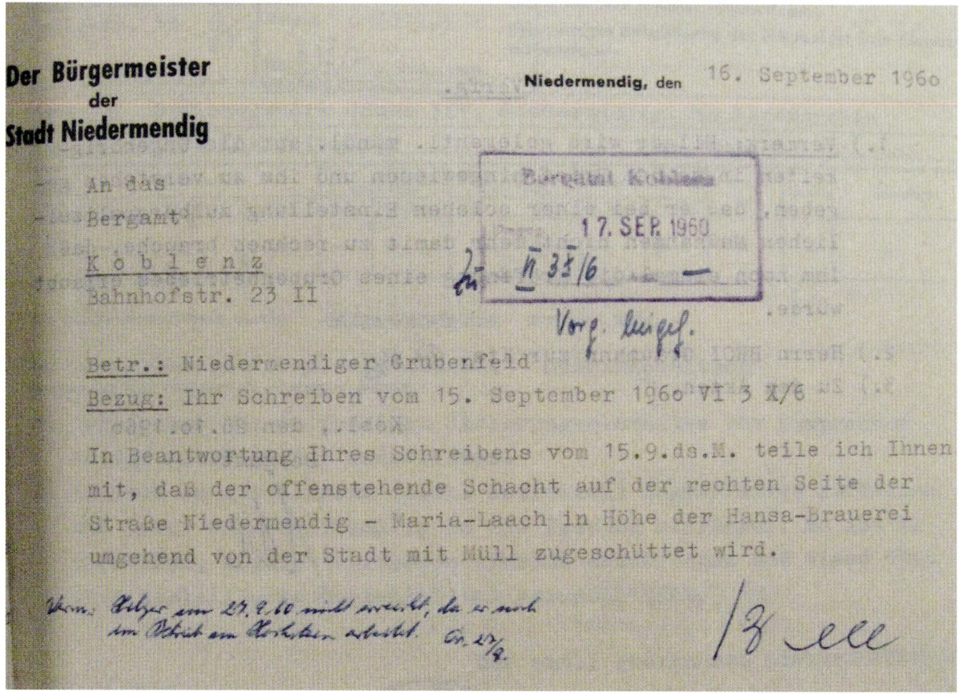

Der Bürgermeister
der
Stadt Niedermendig

Niedermendig, den 16. September 1960

An das
Bergamt
Koblenz
Bahnhofstr. 23 II

Bergamt Koblenz
17. SEP. 1960
II 35/6

Betr.: Niedermendiger Grubenfeld
Bezug: Ihr Schreiben vom 15. September 1960 VI 3 X/6

In Beantwortung Ihres Schreibens vom 15.9.ds.M. teile ich Ihnen mit, daß der offenstehende Schacht auf der rechten Seite der Straße Niedermendig - Maria-Laach in Höhe der Hansa-Brauerei umgehend von der Stadt mit Müll zugeschüttet wird.

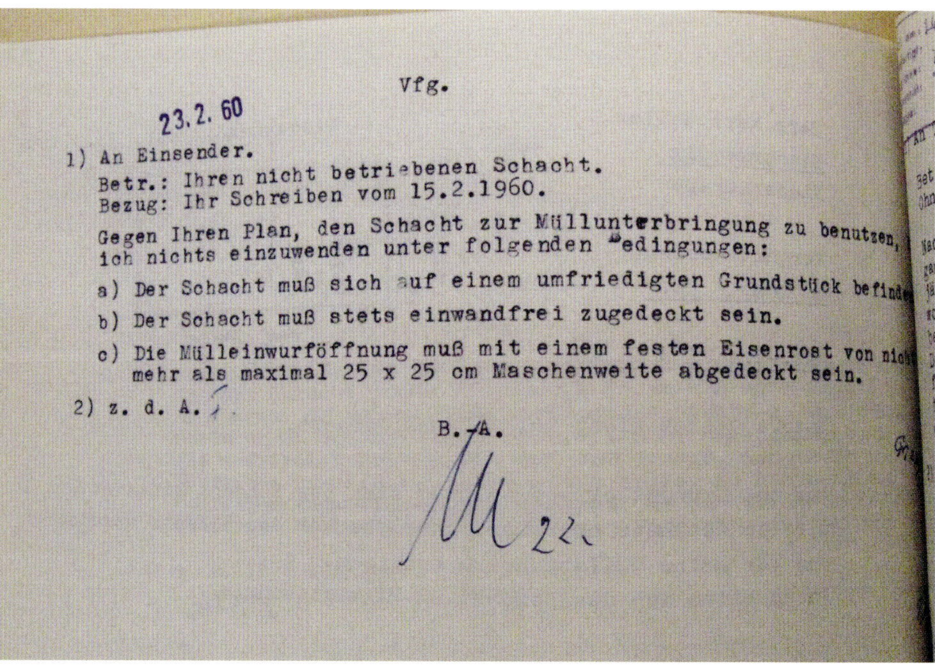

Vfg.

23.2.60

1) An Einsender.
Betr.: Ihren nicht betriebenen Schacht.
Bezug: Ihr Schreiben vom 15.2.1960.
Gegen Ihren Plan, den Schacht zur Müllunterbringung zu benutzen, ich nichts einzuwenden unter folgenden Bedingungen:
a) Der Schacht muß sich auf einem umfriedigten Grundstück befind
b) Der Schacht muß stets einwandfrei zugedeckt sein.
c) Die Mülleinwurföffnung muß mit einem festen Eisenrost von nich mehr als maximal 25 x 25 cm Maschenweite abgedeckt sein.
2) z. d. A.

B. A.

Müllberg im Untertagebereich der ehemaligen Laupus-Brauerei

P094102
FS
139

P230502
P230406

P171102
FS
119

Vfg.

1) Verm.: Kontrollen am 15.12.59 und am 5.1.60 ergaben ordnungsgemäßen und einwandfreien Zustand der Müllkippe und Umfriedigung.

2) z. d. A.

B./A.

Gr. 5/1.

Aktenvermerk: Im Monat März 1960 rief Polizeiinspektor Mohr von der Polizeiverwaltung Niedermendig den BROI Graumann an und teilte mit, daß die vom Bergamt geforderte 40 cm hohe ~~xxxxx~~ Sicherung gegen Absturz der Müllwagen beim Müllkippen in den Schacht der Frau Dr. Walter Schwierigkeiten mache, weil die Müllwagen durch die Höhe der Sperre am ordnungsgemäßen und völligen Entleeren gehindert werden. Die Sperre müsse deshalb auf etwa 20 cm Höhe eingerichtet ~~xxxxxx~~ bzw. geändert werden. Graumann sagte ihm, er (Mohr) müsse eine Sicherung gegen Überfahren der Sperre beim Zurücksetzen der Wagen gegen den Schachtrand vorsehen, Graumann werde sich die Möglichkeiten auch mal selbst überlegen.
Am 12.4.1960 rief Graumann den Polizeiinspektor Mohr in dieser Angelegenheit telefonisch an und schlug ihm vor, in entsprechender Entfernung von dem Schachtrand einen stabilen Balken einzugraben und daran ein Drahtseil mit Haken so anzubringen, daß rückwärts an die Kippe heranfahrende Müllwagen an der Vorderachse oder Kupplung daran gehängt werden und sich das Seil im Moment des Berührens der Sperre strafft. Dadurch

Deutschland
ZÜNDAPP

Aktuelle vulkanologische Situation in der Laacher-See-Region

Wann bricht denn wohl der nächste Vulkan in der Eifel aus?

Eine Frage, die die Eifeler und die Touristen in der Eifel immer wieder jedem Geologen und Vulkanologen stellen, dem sie in der Region begegnen. Eine Frage, die vor allem die Journalisten der wissenschaftsferneren Medien zu häufig faszinierenden Schlagzeilen drängt, möchten sie doch oftmals gerne einen Bericht und einen Aufmacher über einen drohenden Vulkanausbruch in der Eifel bringen.

Fakt ist, der Vulkanismus in der Eifel gilt als aktiv. Allerdings rechnen Geologen in geologisch langen Zeiträumen und solch eine vulkanische Phase kann mehrere hunderttausend Jahre dauern, es kann Pausen von 10.000 und mehr Jahren geben, in denen kein Vulkan ausbricht. Der letzte Vulkanausbruch in der Eifel geschah vor ca. 11.000 Jahren, das Ulmener Maar eruptierte. 13.066 Jahre ist der große Ausbruch des Laacher Vulkans her, in dessen wassergefülltem Krater heute der Laacher See liegt. Auch wenn immer wieder durchschnittliche Zeiträume genannt werden, in denen Vulkanausbrüche erfolgten und dabei die Zeiträume von 5000 bzw. 10.000 Jahren genannt werden, so heißt es nicht, dass alle 10.000 Jahre ein Vulkan ausbrechen muss und heute ein Vulkanausbruch überfällig wäre. Vielmehr gehen die Vulkanologen davon aus, dass vulkanische Ereignisse pulsierend auftreten. Es gibt Phasen verstärkter Aktivität, in denen es zu vermehrten Vulkanausbrüchen kommt, auf die wieder längere ruhige Phasen folgen. Aktive Phasen dauerten jeweils etwa 50.000 Jahre an, danach folgten Zeiträume von etwa 150.000 Jahren Ruhe.

Die Wissenschaftler der Deutschen Vulkanologischen Gesellschaft (DVG) mit Sitz in Mendig haben dazu im Juni 2022 eine Pressemitteilung heraus gegeben, in der die Fragestellung fundiert dargestellt wird.

Die Kurzfassung: *»Im oberen Erdmantel unterhalb der Eifel lässt sich ein Bereich erhöhter Temperatur und/oder Volatilgehalte nachweisen, in* *dem es aufgrund der geringen Tiefenlage von unter 100 km zum teilweisen Anschmelzen des Mantelgesteins kommen kann. Ab der derzeitigen Oberkante in 45 km werden bis zur Erdoberfläche Erdbeben nachgewiesen, die nichttektonischer Natur sind, sondern durch Fluidbewegungen verursacht werden. Sollte es sich dabei nicht nur um CO2-Gase, sondern auch um Magma handeln, dann wären die Eifel-typischen Ausbruchsszenarien, wie Entstehung von Schlackenkegeln mit kurzen Lavaströmen oder Maar-Explosionen, denkbar, die lokal großen Schaden anrichten könnten, aber kaum überregionale Folgen haben würden. Die Vorwarnzeiten hierfür wären relativ kurz, wahrscheinlich im Bereich von Monaten bis Jahren. Derzeit gibt es jedoch keinerlei Hinweise darauf, dass sich derartiges ereignen könnte. Es ist nicht auszuschließen, dass sich aktuell oder zukünftig wieder Magma in der Erdkruste anreichert, wie es in der Eifel zum letzten Mal vor dem Ausbruch des Laacher Sees vor ca. 13.000 Jahren geschah. Bis sich ein derartiges, überregional-katastrophales Ausbruchsgeschehen wiederholen könnte, müssen noch viele 10.000 Jahre vergehen. Eine Aussage der Art »In der Eifel bricht im Mittel alle 5.000 bis 10.000 Jahre ein Vulkan aus« ist eine Missdeutung des historischen Ausbruchsgeschehens und sachlich falsch. In der Osteifel erfolgten die Ausbrüche in Pulsen, die etwa alle 200.000 Jahre auftraten und über mehrere 10.000 Jahre andauerten. Innerhalb der Dauer eines solchen Pulses erfolgten weniger als 50 Ausbrüche in 50.000 Jahren. Insgesamt ist es wahrscheinlich, dass es wieder zu Vulkanausbrüchen im Bereich der Eifel oder ihres direkten Umfeldes kommen wird. Der Vulkanismus in der Eifel ist nicht erloschen, er ist eher ruhend.«*

Tatsächlich beobachteten Geophysiker seit 2013 ein verstärktes Auftreten von Erdbeben unter der Osteifel, die durch Fluide (Magma, überkritische wässrige Lösungen, Gase?) hervorgerufen werden können. Ob es diese Erdbeben schon früher gegeben hat, lässt sich nicht sagen, da erst vor 10 Jahren die technischen Möglichkeiten eingerichtet wurden, sie überhaupt nachzuweisen. Sollten diese Beben durch aufsteigendes Magma erzeugt werden, dann wird es nach Ansicht der Vulkanologen noch mehrere 10.000 Jahre dauern, bis sich eine Magmakammer gefüllt hat, die ein Ausbruchsszenario wie das des Laacher-See-Vulkans vor 13.000 Jahren ermöglichen könnte.

Wahrscheinlich wären nach Ansicht der Vulkanologen kleine, regionale Vulkanausbrüche, bei denen Maare oder Schlackenkegel mit Lavaströmen entstehen, die keine überregionale Wirkung zeigen. Für die Region des Laacher-See-Vulkanfeldes können sie aber genauso verheerend sein wie der zu Beginn dieses Buches beschriebene Vulkanausbruch 2021 auf der Kanareninsel La Palma. Die lokale Infrastruktur kann kleinräumig vollkommen zerstört werden. Wie das Beispiel La Palma zeigte, künden sich solche Vulkanausbrüche nur wenige Jahre vorher an und die Vorwarnzeiten zum genauen Ort des Ausbruchs betragen nur wenige Monate.

Derzeit gibt es keinerlei Hinweise, dass in der Eifel in absehbarer Zeit ein Vulkan ausbrechen wird.

Foto- und Abbildungsnachweis

Sven von Loga: S. 9, 10, 13, 17, 18, 20, 22, 23, 24, 25, 27, 28, 35, 42, 43, 45, 46, 47, 48, 49, 50, 53, 55, 59, 62, 63, 64, 65, 70, 71, 72, 73, 74, 75, 76, 77, 84, 85, 86, 87, 88, 89, 90, 91, 92, 93, 94, 105, 107, 108, 109, 110, 111, 113, 114, 115, 116, 117, 118, 119, 126, 127, 134, 135, 141, 143, 144, 145, 147, 148, 149, 150, 151, 152, 153, 154, 155, 156, 157, 158, 159, 160, 161, 162, 163, 164 oben, 168, 169, 172, 175, 182, 186, 187, 190, 191, 192, 193, 194, 195, 196, 197, 198, 199, 200, 201, 202, 203, Titel unten, Rückseite oben/unten

Archiv Geschichts- und Altertumsverein Mayen: S. 39, 40, 41, 56, 60, 67, 68, 69, 80, 81, 83, 100, 101, 102, 103, 120, 121, 122, 123, 124, 130, 140, 206, Titel oben

Landesamt für Geologie und Bergbau Mainz: S. 176, 177, 178, 180, 181, 183

Stadtarchiv Mendig: S. 125

Verschönerungs- und Verkehrsverein Kottenheim: S. 139

Stadtmuseum Andernach: S. 132, 133, 136

Institut Michels Mendig: S. 1, 54, 82, 95, 96, 97, 98, 99, 104, 188

Geschäftsstelle Mühlsteinrevier Rhein-Eifel: S. 78, 79

Hansa Hotel: S. 164, 165

Fridolin Hörter: S. 32

Stefan Retterath: S. 166, 167

Joachim Ritter : S. 11

Wilhelm Meyer: S. 14

Roger Lang: S. 57, 184, Rückseite Mitte

Karte S. 6, 61, 179: Datenlizenz Deutschland zero, https://www.govdata.de/dl-de/zero-2-0

Tabelle S. 30: https://creativecommons.org/licenses/by-sa/3.0/deed.de

Karte S. 171: Erstellt von Inkatlas.com, Copyright OpenStreetMap contributors (openstreetmap.org), OpenTopoMap (CC-BY-SA).